干散货港口粉尘污染控制成套技术研究

白景峰　刘　殊　主编

U0195415

海洋出版社

2021年 · 北京

内容介绍

本书在对国内主要干散货港口开展现状调研的基础上，全面分析了目前干散货港口的建设现状与发展需求，从环保管理、污染控制等角度分析了目前国家对干散货港口的管理要求；重点针对干散货港口粉尘污染控制各项技术开展研究，分析各类粉尘防治措施的适用性及运行效果。在此基础上，构建了干散货港口粉尘污染配套控制技术评价指标体系，并选取干散货港口进行应用，以期为我国港口粉尘污染控制提供技术支撑。

本书可为从事粉尘污染防治的相关研究人员、政策制定者提供参考。

图书在版编目（CIP）数据

干散货港口粉尘污染控制成套技术研究/白景峰，
刘殊主编. -- 北京：海洋出版社，2021.2
　　ISBN 978-7-5210-0744-2

　　Ⅰ.①干… Ⅱ.①白… ②刘… Ⅲ.①港口-散装货
物-尘源控制-研究 Ⅳ.①X513

中国版本图书馆 CIP 数据核字（2021）第 034641 号

责任编辑：薛菲菲
责任印制：赵麟苏

海洋出版社　出版发行

http：//www.oceanpress.com.cn
北京市海淀区大慧寺路 8 号　邮编：100081
北京朝阳印刷厂有限责任公司印刷
2021 年 2 月第 1 版　2021 年 2 月第 1 次印刷
开本：787 mm×1092 mm　1/16　印张：8.25
字数：157 千字　定价：58.00 元
发行部：62100090　邮购部：68038093
总编室：62100971　编辑部：62100095
海洋版图书印、装错误可随时退换

目　录

1 概述

1.1 研究背景

党的十八大以来，国家把生态文明建设作为统筹推进"五位一体"总体布局和协调推进"四个全面"战略布局的重要内容，加快推进生态文明顶层设计和制度体系建设，相继出台《关于加快推进生态文明建设的意见》《生态文明体制改革总体方案》。国家对环境保护工作的重视程度不断加大，始终把生态文明建设放在治国理政的重要战略位置，对生态文明建设和生态环境保护提出一系列新思想、新论断、新要求。习近平总书记高度重视港口发展，多次亲临港口视察，作出关于沿海港口发展的系列重要指示，对新时代港口发展寄予殷切期望，特别是提出"要加快建设世界一流的海洋港口、完善的现代海洋产业体系、绿色可持续的海洋生态环境"，"经济强国必定是海洋强国、航运强国"，"要志在万里，努力打造世界一流的智慧港口、绿色港口"等，为新时代港口发展指明了方向，提供了根本遵循。

2019年9月，为统筹推进交通强国建设，中共中央、国务院印发了《交通强国建设纲要》，明确要求"优化运输结构，加快推进港口集疏运铁路等'公转铁'重点项目建设，推进大宗货物及中长距离货物运输向铁路和水运有序转移"，"严格执行国家和地方污染物控制标准及船舶排放区要求，推进船舶、港口污染防治"。2019年11月，为贯彻落实"纲要"要求，加快世界一流港口建设，交通运输部、发展改革委、财政部、自然资源部、生态环境部等九部门联合印发了《关于建设世界一流港口的指导意见》，指出聚焦港口综合服务能力、绿色港口建设、智慧港口建设、推进港口治理体系现代化等六大重点任务、十九项指标，明确了分阶段发展时间节点与目标任务，与现阶段蓝天保卫战、污染防治攻坚战等国家战略相契合，也对未来港口发展和环境保护提出了更高的标准与要求。

目前，在我国港口货运体系中，干散货由于物料特性和港口转运工艺的局限，在堆存、装卸与输运过程中造成的粉尘污染对港区与周边环境造成一定影响，在国家和地方大气环境管控政策不断收紧、社会关注度持续居高的时代背景下，港口环境管理要求已不再仅限于粉尘浓度厂界达标。因此，对于干散货港口而言，如何从根源上形成干散货作业全流程的粉尘污染防控与管理体系，有效遏制扬尘污染，成为制约散货港口企业持续向好发展、构建世界一流港口的关键所在。

1.2 研究意义与必要性

1) 以靶向治理为目的，确保港口粉尘污染全过程管控

近两年来，中央环保督查组"回头看"，加强环境综合整治，完善环境保护机制，在全国领域掀起了环保风暴，也宣告了环保新形势的来临，港口企业已走出粗放型发展阶段，正朝着资源节约、环境友好方向发展，港口企业的环境意识有了大幅提升。对于散货港口而言，在当前环境日益严峻的形势下，自身环境污染现状掌握不清、污染防治重点不明确等问题日渐凸显，逐步成为干散货港口环境保护工作的短板，其原因主要在于港口散货转运工艺复杂多样，尘源分散导致港口企业对粉尘污染状况掌握不清、难以针对重点起尘环节精准发力、治理效率低等一系列问题。因此，科学构建覆盖全作业流程的污染控制成套技术体系，在为干散货港口提供不同工艺模式、不同作业环节的粉尘污染控制全流程配套方案与查询体系，确保重点环节港口企业粉尘污染全过程防控及生态环境主管部门项目审批与监督管理提供支撑方面具有重大意义。

2) 以契合攻坚为遵循，持续改善区域环境空气质量

党的十九大以来，为持续改善全国总体环境空气质量，国家相继提出了大气污染防治攻坚战和蓝天保卫战等污染防控战略，明确了新时代环境保护总体任务目标、基本原则与重点区域。为贯彻落实国家各项政策部署，各地也相继出台了相关文件，要求以更高的标准、更大的力度、更实的举措保障环境颗粒物［可吸入颗粒物（PM_{10}）、细颗粒物（$PM_{2.5}$）］浓度持续、有效降低，不断改善环境空气质量。

干散货港口作为大宗散货集散中心和重要的能源储运中心，在为腹地物资运输和临港产业开发保驾护航的同时，各类干散货在生产运营过程中造成的无组织排放成为区域大气环境污染的主要来源。对于干散货港口而言，不断提升干散货作业工艺水平与污染防治工作效率，从源头防控，构建完善、有效的粉尘污染管理体系，持续改善港区及周边环境空气质量，不仅是契合国家和地方各项大气污染防治政策部署的客观要求，也是保障行业可持续发展的先决条件。

3) 以一流港口为目标，支撑散货港口可持续发展

为构建资源节约、环境友好的港口绿色发展体系，2018年3月，交通运输部公

布了《深入推进绿色港口建设行动方案（2018—2022 年）》，旨在从更深层次、更广范围、更高要求建设绿色港口，最终实现生态保护措施全面落实，运输组织结构明显优化，污染防治和绿色管理能力明显提升，使我国港口绿色发展水平整体处于世界前列。

在"绿水青山就是金山银山"的时代愿景下，各项"绿色、智慧"政策相继出台，对未来港口发展提出了更高的标准与要求。港口核心竞争力的体现，不再仅限于腹地经济、港口设施等硬性条件，港口环境治理体系是否完善、环境管理是否先进有效等已逐步成为判断港口企业对外形象与营商环境是否良好的必要条件，也成为新时代下港口核心竞争力的重要评判因素。

1.3　研究内容

本研究在对国内主要干散货港口开展现状调研的基础上，全面分析目前干散货港口的建设现状与发展需求，从环保管理、污染控制等角度分析目前国家对干散货港口的管理要求；重点针对干散货港口粉尘污染控制各项技术开展研究，分析各类粉尘防治措施的适用性及运行效果；在此基础上，构建干散货港口粉尘污染配套控制技术评价指标体系，并选取干散货港口进行应用，旨在为我国港口粉尘污染控制提供技术支撑。具体内容包括：

（1）针对我国主要干散货港口开展现状调研，分析目前我国干散货港口的分布特征、经济发展特征、货物流动格局等，同时充分分析目前港口粉尘污染防治的国内外研究现状及发展趋势，总结我国现有干散货码头选址布局特点、粉尘污染防治措施和对策、标准规范和运营管理现状，分析目前干散货码头在工程建设和管理运营中存在的问题，针对突出问题提出环评管理对策建议。

（2）总结我国干散货码头大气粉尘污染防治技术及措施的适用条件、典型防风网工程的抑尘效果以及抑尘药剂、喷洒水、喷雾与防风网组合对不同散货物料的抑尘效果；研究干散货装车、装卸船各工艺环节典型防尘措施的有效性和可行性，推荐治理效果好、适用性强的粉尘污染控制关键技术。

（3）分析干散货码头粉尘污染控制效果好、适用性强的关键污染控制技术，提出适合我国的干散货码头建设项目粉（扬）尘污染控制环评管理对策；结合我国港口环境管理、绿色低碳港口建设等指标研究，构建干散货港口粉尘污染配套控制技术评价指标体系，为我国干散货港口的粉尘污染治理和环境管理水平提高提供技术支持。

1.4　主要创新点

（1）通过对全国主要干散货港口粉尘污染防治技术研究，建立了不同应用条件下干散货港口典型污染防治措施抑尘技术大数据系统，精准识别了环保措施抑尘效果关键影响因子。

（2）以提升综合抑尘效果为目标，构建了干散货港口全作业环节粉尘污染配套控制技术评价体系，为干散货港口粉尘全流程管理及工艺优化、实施"一港一策"管理提供理论基础与技术保障。

1.5　技术路线

本研究技术路线如图 1-1 所示。

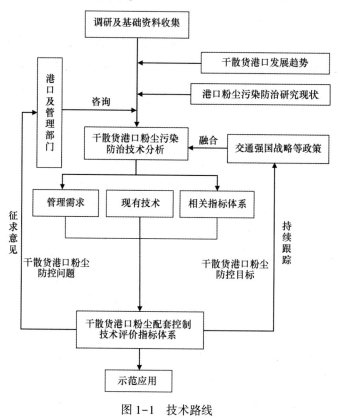

图 1-1　技术路线

2 国内外研究现状

目前，国内外对港口粉尘污染防治已开展了大量的研究工作，包括起尘机理研究、粉尘污染防治技术研究和实际工程应用等多个方面。

2.1 起尘机理研究

早在 1941 年，风沙物理学鼻祖 Bagnold[1] 就野外测量风蚀输沙量时指出，输沙量与实际风速和沙砾起动风速之差的 3 次方成正比。1964 年，Owen[2] 对 Bagnold 公式进行了修正，该修正基于两种假设：沉降限制区域外流体中颗粒移动产生的效应类似于固体粗糙高度与沉降层厚度之间的可比性；参与沉降过程的沙砾浓度能够自我调节，以便外界的风施加于地面的剪切力足够维持运动状态下的沙砾表面，该猜想预示了沙砾沉降过程中的一种自我平衡机制。

自 20 世纪 80 年代以来，随着粉尘释放、输送和沉降的实地观测以及卫星遥感观测技术的发展，国外就风蚀粉尘释放问题提出了 4 种主要模型：Gillette 模型[3]、EPA（Environmental Protection Agency）模型[4]、Shao 模型[5] 和 DPM（Dust Production Model）模型[6]，它们主要用于全球粉尘循环评价。其中，Gillette 模型把地表的沙尘排放量表示成风速和土壤水分及地表植被的函数，因其输入参数少、应用简便，被广泛应用于全球粉尘循环模型的粉尘释放模块中，但对粉尘释放的微观机理描述，该模型没有涉及；1988 年，美国环保局（Environment Protection Agency of Unite States，US EPA）推出了适用于工业无组织堆垛处于堆存状态的静态释放量的估算模型（即 EPA 模型），该模型主要是摩阻风速和颗粒起尘阈值的确定问题，然而，对于实际中的各堆料形式在任意风向下的摩阻风速，EPA 模型没有给出明确的确定方法；Shao 模型从分析内聚力入手，提出束缚能的概念，综合考虑起尘的三个要素，即冲击起沙、团聚体瓦解和空气动力夹带，推导出针对特定颗粒群的粉尘释放计算模型，并通过风洞试验测定了相关系数，该模型基于力学机制的全面分析，建立了真正意义上的粉尘释放模型，但模型涉及的参数太多，部分参数的确定还存在不确定性；Alfaro 和 Gomes[6] 综合研究了干旱地区引发沙尘气溶胶释放的跃移和冲击起沙，得出了计算沙尘释放的 DPM 模型，并指出沙尘释放量取决于粒径分布、风速以及动力学粗糙系数，该模型较好地反映了土壤粒径分布对起动风速的影响，但没有考虑土壤微团粒度在粉尘释放前后的变化。

港口露天堆场的尘源释放机理有其自身的特殊性，不同于上述全球尺度的粉尘释放，主要表现为以下三点。

（1）露天堆场的影响尺度不同。露天堆场自身面积有限，影响范围多为局部性，且影响的敏感目标明确，与风沙物理学中的沙尘治理大尺度时空下的实验数据不具有同类型[7]，故用于野外干燥沙粒的颗粒释放模型很难直接引用到露天散料堆场的粉尘污染中。

（2）露天堆场的尘源组成不同。露天堆场的尘源主要由两部分组成：一是堆垛处于静止状态下由风蚀造成的静态扬尘；二是物料处于装卸、中转等作业模式下产生的动态起尘。其中，动态起尘的比例占堆场总扬尘量的 30%～60%[8]，这与风沙、土壤尘在源强组成上存有显著不同，所以在影响源强估算的参数选取中没有类比性。

（3）近地层下垫面的地表特征不同。由微气象学统计理论得出的平坦地面上沙粒表面的湍流特征通量及剪切应力分布与有一定高度的露天堆垛的地表特性完全不同，基于农田土壤侵蚀特征的基础数据对处于港口作业的露天堆场的适用性还有待进一步分析和确定。

在港口露天堆场粉尘研究方面，1978 年，中国电力公司和三菱重工业公司采用风洞实验和户外实验相结合的方法，在风洞内 1 米×5 米的范围内放置煤炭并送风，以等速吸气式采样器采集飞散尘，测定贮煤堆起尘量；在广岛造船所户外进行自然风条件下 0.6 吨/时堆煤量的模拟落料试验，测定堆放煤产尘量，确定了煤尘预测的方法[9]。20 世纪 80 年代中期，交通运输部水运科学研究院和武汉水运工程学院针对秦皇岛港区露天堆场实际情况，在环境风洞试验中模拟煤炭堆放和装卸条件下的起尘规律，得出混合煤堆的起尘主要与风速、颗粒直径及堆垛表面含水量有关，由装卸高度的不同所引发的粉尘动态释放量则与落差高度、风速、粉尘含水率等密切相关[10]。刘琴等[11]以山西平朔地区煤堆为研究对象，在风洞中模拟混合煤在不同含水率及风速条件下的起尘量，并对实验数据进行回归分析后得到起尘关联式。山西省环境保护研究所针对露天"平塑煤矿"开采过程中采用的皮带运输机尘源，在武汉水运工程学院造船系流体力学风洞实验室中进行起尘的模拟实验，得到了煤炭从皮带运输机落下时的起尘规律[12]。1995 年，张观希等[13]以广东某电厂煤码头为例得到面源起尘模式中起尘量与风速、煤堆几何形状、堆积密度、表面积、含水率之间的计算公式。Watson 等[14]通过现场监测动态作业条件下的起尘量，得到可吸入颗粒物（PM$_{10}$）起尘率与风速及含水率之间的实验关联式。2004 年，谢绍东和齐丽[15]利用 EPA 模式估算了北京石景山地区圆锥形煤堆和平坦形煤堆的扬尘释放量。Xuan[16]利用风洞试验模拟平均风速剖面和大气边界层强度,研究湍流和复杂地形对煤堆起尘的影响,并对 Bagnold 公式进行了修正,指出湍流的存在降低了起动风速值,增加了起尘率。

Badr 和 Harion[17,18]采用风洞试验与计算流体动力学(Computational Fluid Dynamics,CFD)相结合的方法,分析了风流掠过圆锥形和平顶椭圆形堆垛表面的流动特征,并针对平顶椭圆形堆垛进行不同风速和高度下的模拟分析,指出风向的变化能够明显改变料堆周围的流动形式,而中等高度的堆垛能够很好地抵制风力的侵蚀,从而降低起尘量。2007 年,Torafio 等[19]采用 EPA 估算模式,运用 CFD 方法,对特定来流方向下圆锥形堆垛、平顶椭圆形堆垛以及半圆形堆垛进行模拟,发现在堆存状况相同的情况下,半圆形堆垛的粉尘释放量较小。2008 年,丛晓春等[20]采用 EPA 模式对露天堆场的风蚀释放强度进行估算时,提出了摩阻风速的动力学求解方法。2009 年,Diego 等[21]将风蚀起尘分为两个独立的阶段,分析了 3 种网格质量条件下的半圆形堆垛在不同来流风速下的粉尘释放强度,并针对现场海港码头堆放的煤炭及铁矿石进行模拟分析,得到了堆垛之间的遮掩对风分布的影响,并指出 CFD 方法较传统风洞试验更能给出精确的估算数据。

通过对国内外煤场和矿石堆场有关调研资料的分析,发现煤场和矿石堆场的主要大气环境问题是煤炭和矿石在堆放及装卸过程中粒径较小的粉尘在风力作用下漂移,对其下风向大气环境造成不同程度的污染,污染物主要是煤堆和矿石堆场起尘、装卸及地面扬尘。根据 Diego 等[21]的估算,当风速超过 1 米/秒时,空气的流动必然会成为湍流。据此,堆煤场和矿石堆场由于刮风所引起的粉尘可看作湍流对尘粒的搬动过程。

在颗粒物的运动行为过程和环境影响评价方面,日本和欧美等国家开展了大量的研究工作,并取得了很多成果,如沙粒的跃移、蠕移及尘粒的悬浮运动等。尽管较大粒径的粒子蠕动、跃动和较小粒径粒子悬浮运动都是同时发生的,但是这两种运动的机理和规律以及实际应用都不尽相同。大气环境中的粉尘污染主要是由直径小于 100 微米的微小悬浮颗粒造成的,很多人对灰尘的传输过程及沉降过程进行了数值模拟,但是对其动力学过程以及粉尘排放的源强分布特征研究较少。固体颗粒被风吹起的过程非常复杂,对其机理的研究也非常少,主要是通过一些风洞模拟实验来了解平均风速、湿度、粒子的直径等对其的影响程度。露天的矿石和煤堆场属于开放性尘源,具有源强极不确定性,因此,开放性尘源的起尘规律对于解决环境空气中粉尘开放源污染问题具有十分重要的意义。刘海玉和冯杰[22]对煤堆场二次扬尘计算方法及其应用进行了研究,认为煤堆场在堆放过程中的起尘量主要与堆放的形状、堆场排列顺序以及堆场堆与风向夹角和风速密切相关，同时他们对煤炭装卸时起尘量和煤堆起尘量进行了估算，结果显示，堆场起尘是散装物料的主要粉尘污染源，堆场起尘量随风速的变化远远大于作业时起尘量随风速的变化。物料在堆放过程中，起尘量的大小取决于物料堆场的形式、物料堆的含水率和风速等。煤尘和矿石粉尘的起尘和扩散与其粒径、密度、含水率和气象条件关系密切。风速影响起尘量的大小和迁移距离，风向决定污染物污染的方位，降雨恰恰是一个自然的抑尘过程，大气稳定度则决定粉尘污染扩散的范围和影响程度。通过计算机数值模拟，多数研究认为粉尘受到重力、阻力和升力三个力的共同作用。通过对粉尘的运动轨迹方程沿气流方向进行积分，就可以计算出它在空气中的运动轨迹。

我国相关学者对煤炭装卸、堆放起尘规律及煤尘扩散规律的研究起步较晚，但也进行了许多理论和试验方面的研究，取得了很大进展。目前，在环境风洞中模拟煤炭堆放和装卸条件，研究其起尘和扩散规律，是一种非常重要的关于粉尘特性研究的方法，王宝章等[23]利用环境风洞，在不同风速下对各种湿度、各种粒径的煤堆进行了起尘和扩散的试验考察，并对所得试验数据进行回归分析和一般分析；徐鹏炜等[24]在研究杭州市大气颗粒物与气象关系后，认为气象因素与PM_{10}浓度之间呈非线性关系，大气能见度对PM_{10}和相对湿度的变化极为敏感，随着PM_{10}浓度的增大，大气能见度迅速降低，相对湿度越高，大气能见度越低。

粉尘污染的控制和治理过程比较复杂，应在风速、风向、湿度和其他气象条件下研究其在大气环境中的扩散规律。目前，国内外对大尺度空间上粉尘的运动规律的研究取得了一定的成果，同时利用数学模拟可以较好地掌握粉尘在不同影响因素下的运动轨迹。Berkofsky[25]提出将尘粒运动的模拟主要分为中尺度模拟和大尺度模拟。中尺度模拟将大气边界层分为表面层、过渡层和逆温层三层，并分别建立三个层内的大气运动和尘浓度变化方程，其中尘源、传输、沉积和侵蚀四个因素决定了表面层内的粉尘浓度，然后模拟出尘粒的运动轨迹；大尺度模拟目前仅限于研究尘粒在大气循环中的传输状况，从而研究尘粒传输与气候变化的关系，主要采用的是大气通用环流模型（Atmospheric Generalafion Circle Model，AGCM），包括尘粒的传输模型、尘源地模型、尘粒的扩散模型和尘粒的沉积模型。含尘气流的运动是由气体与颗粒组成的稀相气固两相流动，以前有关气固两相流的文献主要是针对相同粒径下的颗粒流，实际上，由风力扬起的粉尘是由不同粒径所组成的颗粒群，能否用数值方法再现出不同粒径的颗粒群的运动轨迹是预测含尘质量分数的前提和关键。应用数值计算的方法是目前比较常用的也是比较先进的模拟方法，但由于粉尘粒子运动的复杂性无法用数学语言来描述，所以利用计算机技术把不同条件下粉尘的运动轨迹再现于计算机屏幕上，能给人一种比较直观的感觉。虽然国内外对于诸如露天堆煤场这类开放源类起尘量的估算和起尘特性及扩散模式已有相关报道，但目前所做的研究工作还不够，远远不能满足治理干散货港口空气颗粒物开放源的需求。

2.2　粉尘污染控制技术研究

近年来，以 PM_{10}、细颗粒物（$PM_{2.5}$）为特征的区域性大气环境问题日益突出，同时随着我国全社会节能环保意识的不断增强，治理粉尘污染问题越来越受到重视。

随着现代化港口工业的发展，大气环境的污染成因中干散货港口各类散货堆场在装卸和储存过程中产生的粉尘涵盖在内，其中，煤堆场在综合作业中产生的粉尘对大气的污染最严重。干散货堆场中散布于煤堆表面的小颗粒在自然风力的作用下极易扬尘，飞扬的粉尘成为港口空气中的主要污染物，直接威胁着人类的生命和健康，与此同时，大量的物料也会被飞扬的粉尘带走，从而造成不必要的物料流失，严重影响干散货港口的经济效益。

关于港口粉尘污染控制技术的研究，国内外学者已经从工艺技术、设备等方面进行了相关研究，这类研究在干散货港口码头、矿场和工厂等环境均适用。

防尘抑尘采用的相关工艺技术大体可以分为化学抑尘和物理除尘两大方面。

在化学抑尘方面，李满等[26]系统地分析了当前国内外化学抑尘剂的研究开发情况，并对其进行了详细的系统论述，同时对煤尘抑制剂改良和发展方向进行了深入挖掘，从而对煤尘抑制问题提出了新思路。王婷和杜翠凤[27]通过实验，研制了一种各方面性能都良好的防尘抑制剂，解决了尾矿库表面扬尘问题。斯志怀[28]详细介绍了有关煤尘防治问题的化学抑尘技术及其使用范围。王姣龙等[29]在分析了化学抑尘剂与粉尘之间的润湿、黏结、凝聚机理的基础上，对化学抑尘剂的研究现状进行了相关介绍，其中主要介绍了化学抑尘剂的合成情况和应用状况，并基于此进行了大量的研究。Du 和 Li[30]针对露天矿场道路扬尘的特点对抑尘剂的组成进行了研究，通过正交试验和使用失水率作为评价指标，确定了最优的抑尘剂组成方案。

干式除尘、湿式除尘和风障除尘等方法构成了物理除尘。张连成[31]通过介绍布袋除尘器的原理以及除尘系统，使厂房的除尘问题得到了解决。高洁和陈洪海[32]首先明确了火电行业的烟尘治理问题，随后多种高效布袋技术被提出，其对普通布袋和星形布袋除尘效果进行了比较，得到了星形布袋降低排放的效果更加明显的结论。夏进文[33]首先对电除尘技术的发展历史以及研究现状进行介绍，然后对电除尘技术的未来进行了展望。崔金茹[34]对"海水微喷幕墙抑尘"技术进行了详细介绍，这项技术由天津港中煤华能煤码头有限公司自主研制，对改善周边环境有明显作用，同时也实现了淡水资源节约利用。张少俊等[35]针对散货码头卸船作业中的除尘问题，开发设计了一种干水雾一体化除尘系统。徐律和谢和平[36]介绍了一种以先进的喷雾重力降尘技术和可编程控制器（PLC）控制技术为优势的企业料场喷淋抑尘系统，该系统的优势是对料场进行定点、定时、定量喷淋，具有显著的抑尘效果。郭仲先[37]通过介绍散货码头皮带机除尘系统的应用情况，继而分析了布袋除尘和干雾抑尘系统在皮带机系统上的应用情况。赵海珍等[38]研究了防风网防尘技术的使用和改良及其在煤炭港口的各种应用。陈建华和詹水芬[39]研究了防风网防尘技术及其在港口散货堆场的应用。王丹等[40]归纳总结了散货堆场防尘措施，该措施分为湿法、干法、干湿结合、机械物理和生态方法五种形式，其在分析国内港口防尘现状的基础上，进一步提出了适宜于散货堆场的抑尘集成技术。贺显锋和唐治[41]对火力发电厂煤场挡风抑尘墙的应用情况及其防尘机理和设计要点进行了介绍。唐继臣和孙曙光[42]对防风抑尘网的抑尘机理进行了介绍，并探讨了其在大型原料场的应用。宋涛等[43]针对露天堆料场的扬尘问题，提出了一种顶部整流新型防尘罩方案。曹世青[44]针对各种散货堆场的防风网，利用港口散货堆场防风网防风抑尘技术，对防风网参数以及防风网建设方案进行优化改进。徐神和朱庚富[45]分析研究了煤场防风网的相关参数及其对防风抑尘效果产生的影响。Xie 等[46]针对煤矿除尘问题，介绍了负压二级除尘技术和一种超声波除尘系统。Faschingleitner 和 Höflinger[47]针对散货固体在输送过程中的扬尘问题，提出了一种封闭的水喷雾系统来抑制最主要和次要的粉尘。Ding 等[48]针对煤矿中煤尘的防尘抑尘问题，研究了磁化表面活性剂的除尘性能，对不同浓度表面活性剂的除尘效果进行了分析研究。Joseph 等[49]研究了磷矿石在存储、输送和运输过程中的防尘抑尘问题，并提出相关措施。

在港口起尘机理与抑尘技术研究方面，丛晓春[50]为得到解决开放性露天堆场的扬尘问题的具体方法，对该类颗粒物的污染范围、浓度分布等进行了分析。乔冰等[51]规划研究了港口煤尘污染防治系统，并对全时空煤尘防控对策及其定量化产尘量消减指标进行了分析。常红等[52]对港口起尘的相关影响因素进行了分析，并根据产生粉尘区域的不同，细化了粉尘污染控制的方向与发展。刘少雨等[53]综合分析了港口抑尘技术研究的现状。李若玲等[54]以河北省煤炭和矿石港口码头为分析对象，详细论述了粉尘产生的原因以及其可能造成的影响，在总结当前所采取的防尘抑尘方法的同时，还提出了一系列有实践意义的防范措施。

综上所述，干散货港口除尘技术主要包括机械式除尘、湿式除尘、电除尘、过滤式除尘和复合式除尘等；干散货港口抑尘技术主要包括洒水抑尘、化学抑尘、生态抑尘、防风网和筒式系统等。港口选用何种技术，需要分析各个港口粉尘的主因，确定扬尘机理，才能制定合理的粉尘污染防治体系。目前，很多研究多重视单一环节，没有系统研究各类技术在不同干散货港口的适用性，缺乏有针对性的技术优劣对比分析。因此，本研究基于国内外研究中的缺失，开展干散货港口各类粉尘污染防治适用性及防治效果的研究，以完善上述理论和实践体系。

2.3 我国干散货港口粉尘污染

2.3.1 我国港口粉尘污染特点

我国是产煤、用煤大国，煤炭运输占有相当大的比重。以煤炭为代表的大宗散货集疏运港口主要分布在沿海区域，包括天津港、秦皇岛港、黄骅港、上海港、宁波港、广州港和福州港等。港口散货堆场堆放的煤炭、金属矿粉、建筑性材料等物料构成了港口扬尘污染的主体，且由于港口码头往往地面平坦、风力较大，更易引起较多扬尘。此外，由于港口码头近海性且地表裸露面积大，以及卸船、输送、堆垛或包装过程及取料、装船等操作频繁，使得港区扬尘污染的范围较大、时间延续较长，给污染防控工作带来了困难。

港口尘源分布复杂，起尘主要来源于散货的装卸、堆存和输运环节，其起尘量分别约占总尘源量的35%、50%和15%。据统计，当前经水路运输的固体散货主要是煤炭、矿石（包括金属矿石和非金属矿石）和散粮。散粮的装卸工艺多为密闭装卸和筒仓储存，其进行全封闭作业，产尘量相对较小，因而煤炭和矿石中转过程的粉尘释放量构成了港口粉尘污染的主体。敞开式露天作业方式决定了煤粉和矿石粉尘的堆存、装卸、传输等主要产尘环节都在露天堆场内完成。在堆取料机动态装卸和堆垛静态扬尘的共同作用下，露天堆场源源不断地释放出大量粉尘，不仅直接导致数以亿计的原料损失，而且给区域造成了严重的大气污染。

港口露天堆场的粉尘释放有其自身的特殊性。第一，露天堆场的面积有限，其粉尘污染的影响多为其内部及附近周边区域，且影响的敏感目标明确；第二，露天堆场的粉尘来源一般由两部分组成：一是堆垛处于静止状态下由风蚀作用造成的静态扬尘，二是物料处于装卸、倒垛或中转等作业模式下产生的动态起尘。国内外对港口粉尘污染的研究方向多集中于颗粒物的运动行为过程的机理与传输、沉降过程的数值模拟以及模拟粉尘污染的风洞试验研究。在防治港口粉尘污染方面，国内外进行了众多的科学研究和工程实践，在降低港口粉尘排放、改善环境空气质量方面发挥了巨大作用。然而，煤炭、矿石码头粉尘排放标准一直空缺，导致矿石和煤炭码头的颗粒物面源污染的监管一直处于无序状态。

2.3.2 干散货码头主要防尘措施

我国港口码头煤炭与矿石装卸主要以露天式的粗放型管理为主，粉尘污染情况受到环境风力风向、温度、湿度、降水等诸多自然气象条件和港口规模、货种、作业频率、作业强度等众多人为因素的影响。国内外针对露天散货堆场的粉尘污染，基本上都倾向于"以防为主，以除为辅"，力求从根本上抑制尘源的产生和扩散。纵观各类粉尘防治技术，基本上分为防尘和除尘两大类。从具体形式上分析，多是通过设置各类风障，降低作业区的风速；洒水增湿，增加粉尘颗粒间的黏滞性和颗粒重量；起尘部位密封、半密封或者降低装卸作业落差高度来消除或缓解外界起尘因素。根据上述分析，目前国内外港口通常采用的数十种主要防尘措施基本上可以归纳为湿法、干法、干湿结合法、防风网（防风林）和封闭及封闭工程等形式。

1）湿法除尘

湿法除尘系统是港口装卸中最主要的环境保护措施。它具有除尘效率高、运转费用低、操作简单、应用广泛等特点，目前，其他方法均很难取代其地位与作用。湿法除尘应具备两个条件：除尘水源和除尘设施。喷洒水和喷洒抑尘剂、煤车注水、道路洒水等都属于湿法除尘，其中，喷洒水除尘主要通过增加散货表面含水率来抑制起尘，是湿法除尘中最为经济的一种防尘手段，在今后一个相当长的时期，特别是我国沿海港口，仍将广泛采用经济、高效的喷洒水除尘方法。但喷洒水同时受到水源和季节气候的制约，尤其是我国北方港口，水资源缺乏且冰冻期时间长，仅采用湿法除尘，堆场的抑尘效果无法得到保障。

2）干法除尘

干法除尘是将重点产尘部位尽可能封闭起来，同时辅助以一些集尘机械装置，该方法在我国港口的中转作业防尘措施中占据了一定的位置。常见的干法除尘措施主要有密封构造、集尘装置、覆盖与压实。相对于湿法除尘，干法除尘的处理能力较小，设备较复杂，一次性投资也高，但局部除尘效果较好，而且不受水源和季节气温限制，在一定程度上能够解决干旱缺水地区和北方冰冻期所面临的一些问题，是湿法除尘的一种补充。

3）干湿结合法除尘

干湿结合法除尘是把全部堆场和整个装卸作业区作为一个系统来考虑，根据各除尘环节和部位特点，分别选择干法除尘和湿法除尘的各种技术措施进行优化组合，综合处理，以获得比单一措施更好的综合防尘效果。干湿结合法兼备干法、湿法除尘的特点，相互补充，具备较好的经济性和选择性，选择得当可以大幅度提高堆场和装卸作业的防尘效率。

4）防风网（固定式、移动式）及防风林带

通过在煤堆场周边设置防风网或防风林，降低风速，阻挡粉尘扩散，除尘效率较高。防风网工程具有运营费用低、除尘效率高等优点。对于水源紧张地区，采用防风网技术，结合喷洒水技术和防风林带的营造，这种优化组合是较好的港口防除尘方式。

5）封闭及半封闭工程

封闭和半封闭散货仓库优点是环保性能好，能防止散货粉尘、含尘污水的污染和由雾、雨等天气引起的散货品质下降，运行费用低，可配套相应设备进行筛分、破碎、精确配煤、计量；其缺点是造价非常昂贵。另外，封闭和半封闭散货仓库的可储存散货量小、种类较少。目前，我国封闭和半封闭散货仓库多用于电厂、选煤厂、化工厂等环保要求高、种类少、存量小、存期短的场所。港口散货存储因具有周转时间长、堆存量大、种类多等特点，所使用的封闭和半封闭仓库要求规模大，从而带来环保、结构安全、防火、防爆等问题。目前，封闭和半封闭散货仓库在港口煤堆场的应用处于探索性尝试阶段。

2.4 干散货港口粉尘污染控制实际工程

2.4.1 澳大利亚纽卡斯尔港（基于自动监测的粉尘管理）

澳大利亚 2011 年的煤炭产量为 4.15 亿吨，是全球第二大产煤国及第二大煤炭出口国。澳大利亚煤炭出口主要依靠昆士兰和新南威尔士的 9 个煤炭港口运营商，9 个港口目前年装船能力已达到 3.5 亿吨，年实际装船量可以达到 3 亿吨。纽卡斯尔港有两家主要的煤炭装船港口公司，分别为瓦拉塔煤炭港务有限公司（PWCS）和纽卡斯尔煤炭基础设施集团（NCIG），PWCS 拥有两个码头，分别为 Carrington Terminal（CCT）和 Kooragang Terminal（KCT）。

纽卡斯尔港属于温带海洋性气候，盛行西南风，多阴、雨、雾天气，冬季尤甚。月平均最高气温发生在 1 月，为 25.6℃；月平均最低气温发生在 7 月，为 8.4℃。月平均降雨量最少为 70 毫米，发生在 11 月；月平均降雨量最多为 119 毫米，发生在 3 月；全年平均降雨量为 1 132 毫米。煤块一般小于 50 毫米，含水率为 2%~9%，最大约 12%。

在环境保护方面，纽卡斯尔港从生产到管理开展了大量的工作，例如 NCIG，不

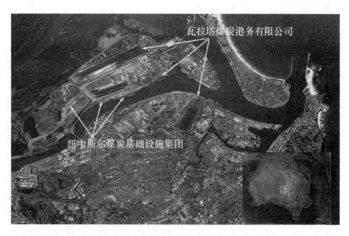

图 2-1　纽卡斯尔港地理位置

图 2-2　纽卡斯尔港煤炭堆场

仅注重气象、噪声、空气质量、地表水和地下水等方面的监测工作，还具有粉尘管理系统，避免码头煤炭运输对周围大气环境产生影响。

1）生产工艺

NCIG 包括 3 个泊位、2 条装船作业线，采用移动式装船机；卸车为自卸坑，卸车线 2 条；堆场采用堆取合一的布置，4 条堆取料机作业线，5 个料场，其中，中间 3 个料场的堆煤宽度达到 110 米。在出场装船线上配置缓冲仓。

NCIG 采用底开门卸车系统；卸车坑是架空布置的，地面以下只有外运皮带机，其他均在地面以上；卸车坑长度约为车皮长度的 1.5 倍，下设 8 个储煤漏斗；漏斗下方由带宽 3.5 米的皮带给料机给料；卸车坑一侧设 3 个可升降的活动开门碰头，另一侧设 2 个关门碰头；漏斗设料位开关，通过料位开关检测漏斗中的物料高度，自动控制碰头动作；皮带给料机带速慢，密封很好，头部设置除铁器；给料机下方也有少量洒漏，现场定期进行清扫；卸车坑消防、冲洗设施非常完善，设备上关键部位都设有自动消防管道；楼层地面都有排水坡度和冲洗水收集坑；配置了通风系统。

图 2-3 地上式卸车系统

NCIG 易于形成超大料垛，取料效率高；堆场堆取料机双尾车结构，尾车可脱开，实现直取流程。堆场堆取料作业自动化占比 99% 以上；堆场分垛客户相对固定，仅作微调，堆场具有储存功能；每个客户 2~4 个货种，客户可以根据需要将货物预先堆存到港口；堆场不清垛，底层铺料是一种低热值煤，不易自燃；堆场取料后可以随时补料堆存，提高容积利用率；自动化堆取的原理是逆向记忆回复，不是激光扫描，因此要求堆取均是自动化作业；偶尔也要用推土机辅助清垛，碰到清垛或料堆垮塌不能自动作业的情况时，由工作人员在现场地面遥控，机上不设司机室；港口不配煤，在矿山混配。

图 2-4 超大宽度煤垛

皮带机转运：物料切换采用伸缩皮带头；皮带机转接点头部护罩、溜管溜槽和导料槽结构合理，密封良好，头部滚筒回程段设水冲洗设施；转接机房为开放式，机房为钢结构，楼层地面为混凝土，设置地面冲洗及污水回收装置。

图 2-5　NCIG 转接机房

2）粉尘管理系统

NCIG 粉尘管理系统分为空气质量监测系统（Air Quality Monitoring Procedures，AQMP）、煤湿度检测系统、洒水系统和设备配件 4 个部分。

（1）降尘系统与空气质量监测程序连通，后者是一个全自动控制系统，包括网络布局的空气质量监测站、空气质量/粉尘触发器、气象监测和空气质量/粉尘投诉回应协议。

（2）煤湿度监测系统以一套评估"消除粉尘的湿度水平"体系为主，包含煤湿度监测和煤湿度分析仪。

（3）洒水系统包含一整套设备，如水泵、管道、电磁阀、气动阀、喷雾嘴和洒水枪、压力传感器、液面指示器、湿敏元件、可编程控制器。

图 2-6　皮带机喷淋系统

（4）在传送带和运输关键点上，应用机械密闭的方式，使煤的溢出和洒漏降到最低。这包括皮带支撑、防洒漏裙围、耐磨护板、橡胶防尘帘和密闭罩。

3）粉尘管理控制方法

NCIG 对粉尘产生的原因进行分析并制定了相应的控制方法（表 2-1），其中，自动洒水系统是主要控制方法。

表 2-1　粉尘管理控制方法

位置	粉尘产生原因	污染物	减轻和控制方法	负责人
铁轨及相关设施（铁路岔道、环路和卸载站）	运载煤的车厢进入 NCIG 的铁轨，车厢中暴露的煤会产生粉尘	煤尘	控制运煤火车在进出卸煤地点的速度	运营经理和环境代表
	车厢运行过快会产生粉尘		半封闭卸煤地点	运营经理和环境代表
	从卸煤地点到堆料地点的运输过程，移动的传送带和传送转向点都会产生粉尘		封闭运输皮带和转向点；设置雾/水喷洒系统；监控煤的湿度和煤灰种类	工程经理、运营经理和环境代表
储存煤的区域	堆料的过程中，在露天环境中快速卸载会产生粉尘	煤尘	在煤沉积物、煤存储和取料地点使用喷水枪，并进行精细的煤堆管理	工程经理、运营经理和环境代表
	在有风的情况下，煤堆会产生粉尘			
	在取料过程中，铲取和运输会产生粉尘			
码头设备和装船区域	从堆场到装船码头的运输，在移动的传送带和传送转向点会产生粉尘	煤尘	封闭传输皮带和转向点；设置雾/水喷洒系统；监控煤的湿度和煤灰种类；装船过程全程监控	工程经理、运营经理和环境代表
	装船机在装船过程中，露天操作会产生粉尘			
所有	运营维护产生粉尘	煤尘和浮尘	严格执行维修流程	工程经理和环境代表

续表

位置	粉尘产生原因	污染物	减轻和控制方法	负责人
所有	因干旱或缺水影响雾/水喷洒系统	煤尘和浮尘	保持充足的水供给	运营经理和环境代表
所有	场地车辆引起粉尘	煤尘和浮尘	交通管理,用洒水车喷洒路面,尤其是非柏油路面	工程经理、运营经理和环境代表
所有	起风造成的粉尘	煤尘和浮尘	绿化,植树作为隔离带	环境代表

4）粉尘管理控制目标

煤炭码头和堆场粉尘管理的关键绩效指标包括总悬浮颗粒物、PM_{10}、$PM_{2.5}$ 和降尘四项。

（1）其他方面洒水系统是最主要的抑尘、降尘手段。

NCIG 通过干燥公式分析粉尘的产生，影响因素包括风速、空气质量/粉尘监测触发器、煤堆的湿度、卸载和取料执行。系统根据计算结果控制雾/水喷洒系统的工作周期。雾/水喷洒设置在堆场和皮带的两侧。

通过 PLC 控件和电感元件，SCADA 系统可以远程操作洒水系统。同时，作业区内的粉尘监控数据实时传输到 SCADA 系统中，如果出现粉尘超标的情况，可以自动开启洒水系统，防止粉尘扩散。

图 2-7　堆场自动喷洒系统

当整体降尘系统需要维护或出现故障时，可以手动进行控制，例如，当风力过大导致气象站不能正常工作时，环境代表或指定的负责人可以授权煤堆洒水枪进行手动控制，直到系统恢复正常。

皮带机头部经冲洗后，将洒落的煤回收后经喷淋系统收集、沉淀、回用。

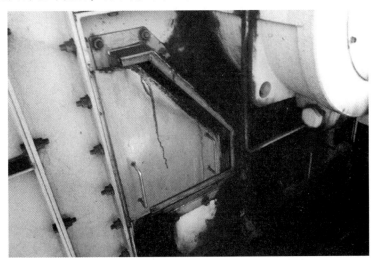

图 2-8　皮带机头部冲洗装置

维护和粉尘监控设备的校准工作由专业的外包商承担，每个季度一次。每次的维护和校准报告会提供给环境代表。

对于降尘，传送设备和转向点的常规监测每周进行一次，识别并移除洒漏的煤。每月检测所有传输带、漏斗、传输和存储设备，识别煤遗洒点和维护需求。

（2）煤炭湿度监测系统为洒水系统提供了相应条件，并通过精细化控制和视频监控实现对粉尘的控制。

根据煤品种类和所处位置确定洒水或喷雾。定点实时监测煤的湿度。装船前监测煤的湿度。每月针对不同位置取样，比较实际湿度与消除粉尘湿度水平并形成报告，对体系进行修正。

（3）粉尘管理中，将路面、沉淀井、车辆等也纳入潜在污染源，并制定了相关规定来抑制粉尘。

①限速。在非柏油路上的车辆，速度不能超过 40 千米/时，以此控制扬尘。在大风天气或交通繁忙的情况下，使用洒水车以抑制扬尘。装载货物的汽车，如有产生粉尘的可能，需要对货物进行遮盖。

②车辆清洗。在作业区运送污泥和煤渣的车辆，在清洗区域通过水冲的方法进行清洗。污水和残渣首先被收集到污水坑和集泥管进行过滤，然后进行油水分离处理。对污水坑和集泥管每月进行一次监测，废物被持有专业执照的服务提供商定期清理。

③沉淀井。沉淀井作为排水系统的一部分散布在整个作业区。这些装置可以在污水进入一级沉淀池之前过滤沉淀物，沉淀池之内的水会被用于降尘系统。因此，沉淀井内的沉淀物会干燥，可能形成扬尘。作业区排水系统会每月监测一次沉淀井，其中的沉淀物会被外包的服务商定时清理。

④绿化。绿化的目的是美化环境、降低噪声、促进生物保护并控制风蚀，同时也有助于粉尘控制。绿化可以减少空旷地带的面积，减少由刮风引起的扬尘；提高土壤的稳定性；提供防风的树林隔离带；保持土壤湿度并降低土壤干燥的速率；提供天然的隔离带，避免车辆随意行驶。专业的外包人员每个月对绿化区域进行 6 次监测和报告，并通知环境代表。绿化区域的维护由专业的外包人员完成。维护工作包括灌溉、修剪、除虫等，同时灌溉系统的维修和检查也需要完成。

纽卡斯尔港在运营过程中十分重视环境保护，特别是粉尘管理，建立了非常完善的管理系统和制度，通过该管理系统的执行，港口煤炭码头和堆场实现了满足当地环境标准（$PM_{2.5}$年均值 8 微克/米^3）的环境管理目标，港口煤炭作业起尘 $PM_{2.5}$ 治理效果非常明显。该港口的 $PM_{2.5}$ 治理经验对我国港口项目的建设运营具有非常重要的借鉴意义。

图 2-9　纽卡斯尔港翻车机房

2.4.2　宁波港镇海港区（老旧港口综合抑尘管理）

1）宁波港镇海港区粉尘综合治理的背景

宁波镇海是浙江省重要的煤炭能源集散地之一，是我国"北煤南运"的重要中转基地和煤炭交易中心。2012 年年初，宁波市镇海区委、区政府将煤尘污染治理作为事关群众切身利益的民生大事，将"进一步实施清洁空气行动计划，推进后海塘煤尘整治"列为政府头号实事工程，并由物流枢纽港牵头，会同相关职能部门就如何整治煤炭扬尘污染进行了全方位的调研，先后赴秦皇岛、曹妃甸港、交通运输部天津水运工程科学研究所等单位进行考察学习交流，多次召开由煤炭企业及港埠公司、煤炭市场等单位参加的座谈会，认真分析研究后海塘区域煤尘污染的现状，研究从根本上解决问题的办法。镇海区委、区政府主要领导多次就煤尘整治工作进行调研、指示，确定煤尘整治的工作目标：在科学制定镇海区煤炭扬尘整治总体方案的基础上，开展煤炭装卸船环节、煤炭堆存作业环节、道路运输环节三项专项整治，通过对防尘设施的新建、扩建、提升以及对车辆装卸、密闭、违行、违停、车辆清洗等的整治，在 2~3 年内达到抑尘 90% 的总体要求，并形成长效管理机制。

2012—2014 年，以镇海区煤尘综合整治方案为指导，镇海区政府开展了为期 3 年的"煤尘综合整治工程"。从源头把关，投入大量人力、物力，相继开展防风网工程建设、射雾器购置、洗车台建设、运煤车辆专项整治等煤尘治理措施。

2）堆场静态起尘整治工程

2012 年完成堆场西侧防风网工程 374 米，网高 17 米。2013 年 4 月建设完成堆场东侧防风网 1 160 米，网高 17 米；堆场北侧防风网 1 250 米，网高 17 米，于 2014 年 7 月开始施工，至 2015 年 3 月完成全部施工，并对堆场形成整体围护。同时，2012 年 1~3 号泊位堆场已建设完成的防风网因为堆场功能变更，进行了拆除。

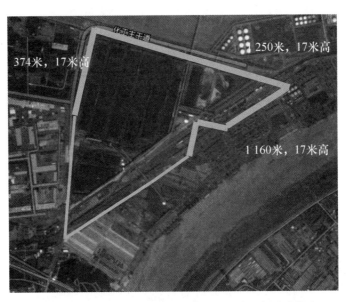

图 2-10　镇海港区实施的防风网工程平面布置示意

图 2-11　堆场西侧防风网（374 米）

图 2-12　堆场东侧防风网（1 160 米）

图 2-13　堆场北侧防风网（1 250 米）

3) 堆场洒水系统智能化改造

镇海港埠有限公司对部分喷淋管线进行了改造和更新，新增喷淋增压泵房1座，未进行堆场喷淋系统智能化改造。至2014年年底，港区煤炭堆存区域设有喷淋泵房2座，泵6台，喷枪231只，并在部分堆场防风网顶部部设置喷雾头259个。堆场的喷淋系统、防风网顶部喷雾设备配合堆场固定式高架射雾器，基本实现后方堆场和西门二场的喷淋全覆盖。

图 2-14 镇海港埠有限公司堆场喷枪

图 2-15 镇海港埠有限公司喷淋增压泵房

图 2-16 镇海港埠有限公司防风网顶部喷雾口

4) 1~3 号泊位配套后方堆场功能调整

镇海港区 2013 年 6 月停止泊位煤炭卸船作业及其 2 号后方堆场铁路发运，同期开始清理 2 号泊位后方堆场堆存煤炭。至 2013 年 12 月底，2 号泊位后方堆场停止黄沙作业，改为堆存苏松和钢材，并开始拆除煤炭装卸工艺流程，包括廊道、火车装车等。

图 2-17 2 号泊位及后方堆场功能调整为件杂货装卸

5) 堆场射雾器

堆场区域共设置了 19 台射雾器，包括 13 台固定式射雾器和 6 台移动式射雾器。其中，港区后方堆场（A~G 场）共布置 8 台固定式射雾器，有效射程为 70 米；西门二场布置 5 台固定式射雾器，有效射程为 120 米。

图 2-18　堆场区域射雾器

6）皮带运输密闭

目前，港区均采用封闭廊道进行水平运输，并对廊道外观进行了美化整体设计，转运点采用喷雾措施抑尘。

7）单机喷淋系统

3 号泊位 5 台门机和 4 号泊位 4 台门机的卸料承接料斗处加装喷雾系统。对通用泊位 4 台卸船机加装围挡及喷淋系统。

8）道路扬尘控制

港区共建设 8 套洗车台系统，其中在港区后方堆场和西门二场共设置 6 套场内洗车台，在煤炭出场卡口设置 2 套卡口洗车台，实现港区每台运输车辆出场洗车。

9）道路清扫洒水设备购置

镇海港区自 2012 年共购置 3 台洒水车、3 台高压洗扫车和 1 台普通洗扫车。日常采用专业清扫队伍与机械清扫相结合，并对道路进行洒水，每年道路洒水耗水量约 10 万吨。

10）煤炭出场通道、卡口建设

为进一步降低道路二次扬尘，还进行了煤炭专用卡口（上部安装防风网）、煤车进出港专用通道和煤车候车区域的建设。这些环保工程的建设使得煤炭卡口较建设前远离城区 0.8 千米，并规范了煤炭出港车辆，进一步减少了煤炭路面洒落量和道路二次扬尘。

图 2-19 水平运输采用封闭廊道并进行外观美化设计

图 2-20 门机卸料承接料斗处加装喷雾系统

图 2-21 港区场内喷雾洗车装置

图 2-22 洒水车工作现场

图 2-23 煤车进出港专用通道

11）道路扬尘控制其他措施

为减少运输车辆洒落煤炭造成的道路扬尘，公司针对道路扬尘还提出"道路零洒落"的控制措施。对煤炭运输车辆提出了车辆加盖篷布、煤炭装载不超过挡板高度、车辆平煤在规定区域进行、车辆行驶规定道路，并在港区运营系统中增加对违反港区环保管理规定的各类车辆的停运管理功能模块，实现运输车辆的全面管理。

2.4.3 神华黄骅港（翻车机底层洒水和筒仓）

神华集团有限责任公司（以下简称"神华集团"）是一家综合性国有大型能源企业，主营业务包括煤炭生产、销售；电力、热力生产和供应；煤制油及煤化工；相关铁路、港口等运输服务。2001 年后，神华集团煤炭产销量连续 5 年稳居国内首

图 2-24 运煤车辆篷布覆盖

位，2006 年成为世界上最大的煤炭经销商，神华集团每年有大量煤炭经天津港下海销往国内外。2009 年，全集团煤炭产量达 2.6 亿吨左右，下水量达 1.6 亿吨以上；2020 年，全集团煤炭产量达 4.5 亿吨以上，加上吸收的地方煤，总下水量达 3.5 亿吨左右，主要出口港是黄骅港、天津港和秦皇岛港。神华集团 2010—2020 年间有 5 000 万~1 亿吨煤炭经天津港下海。神华天津煤炭码头一期工程设计能力为 4 500 万吨，二期工程设计能力为 3 500 万吨。

为了减少码头对周围环境空气的影响，神华黄骅港采取了多种抑尘措施。

2.4.3.1 行走机械的洒水除尘系统

1）密闭防尘系统

（1）在装船机、堆料机、取料机的尾车皮带机两侧，装船机、堆料机、取料机的悬臂皮带两侧设挡风板。

（2）各皮带机转运处设密闭导料槽，进出口处设双道橡胶帘。装船机、堆料机的悬臂皮带在俯仰和旋转时，导料槽保持密闭。取料机堆场皮带受料处设密闭导料槽，悬臂皮带受料处设密闭导料槽，两进、出口设橡胶帘。

2）洒水除尘系统的组成

各机上洒水系统均由自吸式水泵（由地上供水槽连续取水）、水箱（容积不小于30分钟水量)、加压水泵、管道、手动阀、电磁阀、止回阀、自动泄水阀、压力表、流量计、数组洒水喷嘴组成。

各机喷嘴组的位置及功能如下。

(1) 装船机:尾车皮带至悬臂皮带转运处导料槽内,喷嘴组喷水,将煤尘抑制在导槽内。悬臂皮带溜筒下口外侧周围,导嘴组喷水形成水幕,将装船产生的煤尘抑制在船舱内。当使用抛料弯头时,也可得到较好的抑尘效果。

(2) 斗轮取料机:斗轮取料及落料处,喷嘴组喷水形成水幕,将斗轮取料、落料产生的煤尘抑制在水幕中。悬臂皮带机受料导料槽内,喷嘴组喷水,将煤尘抑制在导料槽内。堆场皮带机受料密闭导料槽内,喷嘴组喷水将落料起尘抑制在导料槽内。

(3) 堆料机:悬臂皮带机导料槽内,喷嘴组喷水,将煤尘抑制在导料槽内。悬臂皮带机头罩下口外侧周围,喷嘴组喷水形成伞状水幕,将堆料起尘抑制在水幕中。所有各机喷嘴要求采用不锈钢喷嘴,其喷洒性能、数量及布置要根据该机处的起尘特点和水幕的形式来选定。

3) 洒水除尘系统的供水与泄空

(1) 装船机洒水系统由码头面上的供水槽供水,其他走行机械由沿堆场轨道床处的供水槽供水。

(2) 水泵设泄水阀。

(3) 管道最低点设自动泄水阀,停止喷水时可自动泄水。

(4) 设空压机及管道系统,在冰冻季前或需要对系统进行泄空时,用压缩空气将管道、附件、胶管卷筒及喷嘴内的水吹干净。

4) 洒水除尘系统的控制要求

各机洒水系统均在司机室操作,司机室设水泵、空压机启/停按钮、水箱高低水位声光报警器、低水位自动启动吸水泵、高水位自动停止吸水泵。司机室设喷水瞬时流量表和累积流量表。每台水泵和空压机附近设检修用开关箱。

2.4.3.2 皮带转运系统除尘

为达到国家规定的作业场所空气含尘浓度和《环境空气质量标准》(GB 3015—2012) 要求,在各皮带机转接机房的落料转运处均采取相应的密闭防尘措施,并根据皮带机同时作业情况设置相应的干式除尘系统。

1) 密闭防尘措施

各皮带机受料转运处均设置密闭溜槽和密闭导料槽,物料进出口设橡胶帘。在所有皮带机的露天部分设皮带机罩(各单机行走部分除外)。在堆场皮带机和码头皮带机两侧设挡风板。

2）干式除尘系统

干式除尘系统的组成及布置：在T1～T13机房中设置24套干式除尘系统，4套为预留；在翻车机房设4套干式除尘系统。根据转接点的落差和起尘量的大小来控制除尘风量，除尘后排放的空气含尘浓度小于120毫克/米^3。

各干式除尘系统均由吸尘罩、除尘风管、高压静电除尘器、旋转输送机、集尘箱、通风机、电动机、减震设施、排风口等组成。

皮带机转接机房的除尘系统中，在受料皮带落料处设密闭吸尘罩，除尘风管向上引至除尘器。在转接机房除尘系统中，除尘器和离心风机设置在室外的除尘平台上；在翻车机房除尘系统中，除尘器和离心风机设置在室外地坪上。除尘系统排气筒的高度均高于15米，排风口高出周围建筑1.5米以上。

2.4.3.3　煤堆场洒水除尘系统

一期工程有6条煤堆场，每条堆场有7个煤垛位，共42个煤垛位。该系统满足堆场的洒水除尘要求，并兼顾堆场的消防。包括喷枪站和消火栓。

1）煤堆场洒水标准

洒水强度为每次2升/米^2，喷洒次数为每日3次。

2）喷枪站

喷枪站由喷枪、电动蝶阀、自动泄水阀及保温、电伴热设施和防护装置组成。

2.4.3.4　干雾除尘系统

在每条翻车线设置1套干雾抑尘系统。受料斗上口四周布置抑尘系统的水、气管道和喷雾箱，使产生的干雾能够覆盖整个受料斗上口，并有效抑制翻车机卸煤全过程中产生的煤尘。

干雾抑尘系统由主机、万向节、气水分配盒、空压机和自动控制系统组成。具备人机接口，可将开机、关机、过滤器堵塞、气压低、水压低、干雾抑尘装置自动/手动运行状态等电信号反馈至控制室，可实现手动和自动两种控制模式。

2.4.3.5　装船机除尘措施

对装船机物料转运处设干雾抑尘系统进行除尘。在起尘点，水雾颗粒为干雾，在抑尘点形成浓而密的雾池，抑尘效率高。同时，装卸船机处皮带机加设可移动的密闭皮带机罩。

2.4.3.6　防风网

为控制堆场作业过程中产生的粉尘，在堆场周围布设防风网。

2.4.3.7 筒仓

设 24 个筒仓，单仓容量 3 万吨，内径 40 米，高度 43.4 米。筒仓堆存工艺，在进行堆取料作业时，由于是封闭操作，且筒仓设置除尘器，彻底解决了煤炭露天堆存以及堆取料作业时由于风力作用引起的煤炭起尘问题，最大限度地减少了煤炭在自然风力作用下的起尘量。

神华集团筒仓存储的货种主要有 18 种，分别是神混 1、神混 2、神混 3、神混 4；外购 1、外购 2、外购 3、外购 4、外购 5000；准 2、准 5；神优 1、神优 2；伊泰 3、伊泰 4；低灰、石炭 3、石炭 5。

2017 年 12 月 9 日，筒仓单日装船量约 250 万吨，堆场单日装船量 220 万吨，筒仓年累计装船量约 9 460 万吨，堆场年累计装船量约 8 762 万吨，筒仓作业效率较堆场高。

2.4.3.8 煤炭进场加湿

为防止煤炭运输及卸车时造成大面积粉尘飞扬，在煤炭进场之前，对煤炭表面水分偏低、容易起尘的煤炭进行加湿，使其表面水分提高到 8%，以达到减少起尘的目的。

2.4.3.9 场地冲洗系统

（1）设置水冲洗系统，负责翻车机房、廊道、转接机房和码头面的煤尘水力冲洗。

（2）购置洒水车 2 辆，满足作业区道路洒水除尘及绿化要求。

2.4.3.10 流动机械污染控制措施

（1）为减少机械设备和车辆有害尾气排放，在设备采购中选用油耗低、有害气体排放达标的流动机械设备。

（2）通过限制堆场及其他煤尘环境流动机械、车辆的行驶速度等措施，达到有效控制煤尘的目的。

2.4.3.11 翻车机底层洒水

国外煤炭进港前全部经过水洗，在装卸作业过程中基本没有扬尘。我国煤炭与其类似。2016 年，神华黄骅港成立研究团队，反复试验，在翻车机底层对煤炭进行洒水。在煤炭进港的第一个中转环节，对物料进行充分洒水，提高煤炭整体含水率，从而保证在其他中转环节作业时降低起尘率。

专业化煤炭堆场作业流程为翻车机作业、堆场堆存作业、装船作业。

技术改造后，该项洒水作业不受冬季低温影响，抑尘效果明显。煤炭达到一定含水率后，各个作业环节的起尘都得到了有效控制。

图 2-25　神华黄骅港码头采取的抑尘措施

图 2-26　改造前后堆料机作业起尘

图 2-27 洒水改造后堆料作业现场

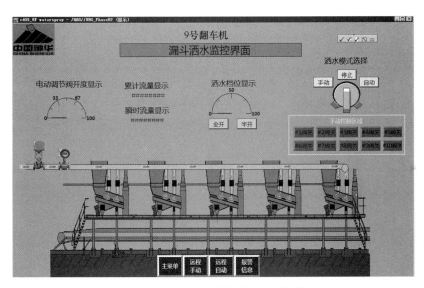

图 2-28 翻车机底层漏斗洒水自控界面

2.4.4 太仓武港、华能太仓（内河干散货码头）

苏州港太仓港区武港码头有限公司位于长江下游白茆沙南水道右岸，已建卸船码头内侧，距苏州港太仓港区荡茜口闸下游 100 米处，隔江与上海崇明岛相望，上游距白茆河口约 10 千米，下游距已建太仓华能电厂码头约 2 千米，距吴淞口约 47 千米。

生产区总面积 121.5 万平方米，使用长江岸线 1 095 米，码头前沿水深-13.5 米，拥有减载靠泊 20 万吨级（控制吃水 13.65 米）和减载靠泊 15 万吨级矿石卸船

33

泊位各 1 个，最大能减载靠泊 25 万吨级船舶（控制吃水 13.65 米）；公司堆场可堆存 421 万吨铁矿石，卸船码头配备了 6 台桥式抓斗卸船机，每台时效率 2 100 吨，卸船单流程额定效率 5 000 吨/时；拥有 5 000 吨级装船泊位 4 个，最大可靠泊 1.5 万吨级船舶作业，拥有 2 000 吨级装船泊位 4 个；堆场配备 6 台斗轮堆取料机，一期额定装船效率 4 200 吨/时，二期装船效率 2 000 吨/时。

环保设备设施包括：生产污水处理站 2 座，污水调节沉淀池 3 处，堆场洒水喷枪 396 套，长江取水泵房 1 处，油污水处理站 1 处，生活污水处理站 2 处（综合楼与行政楼各 1 处），2 辆道路洒水作业车，2017 年新投入干雾除尘设备约 350 万元，防尘绿化带投入约 400 万元。

1）皮带机廊道防尘

在皮带机设备工艺设计中，采用全封闭式的廊道转运站，同时减小了流程的落差，并且在皮带机节点处全部配备喷淋抑尘设备，达到了较好的抑尘效果，并在码头外围建造挡风板。

图 2-29 皮带机廊道防尘

2）码头防尘措施

采用混凝土挡墙形式，减少码头头部滚筒清扫器刮落矿粉清理过程中掉入长江的可能，减少对长江饮用水的污染。

图 2-30 码头防尘措施

3）堆场喷淋

堆场两侧斗轮机基础上方按 30 米间距布置洒水喷枪 396 套，确保堆场防尘喷洒全覆盖，保证物料表面含水率，减少堆场扬尘。

4）卸船机大料斗干雾除尘

卸料承接料斗处加装干雾除尘喷头，从源头上对粉尘进行控制。

5）动态作业起尘点控制

在皮带机转节点安装喷淋设备，进行洒水除尘。

图 2-31　堆场喷淋

图 2-32　卸船机大料斗干雾除尘

图 2-33　皮带机转节点防尘

图 2-34　皮带机系统防尘

图 2-35　斗轮机喷淋除尘

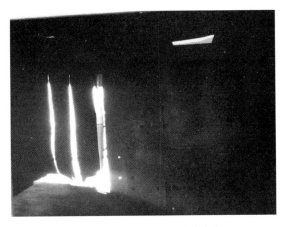

图 2-36   装船机料斗干雾除尘

6）堆场覆盖

按照港区作业要求，对露天堆放的煤炭、矿石等散货进行覆盖，避免起尘。

图 2-37   堆场覆盖

7）道路清扫和洒水

配备洒水车 1 辆，根据不同季节，每日洒水 2~4 次，以起到控制道路扬尘的作用。配备 1 辆道路清扫车。

图 2-38   道路洒水车（左）和清扫车（右）

8）含矿物水处理

堆场矿污明沟形成闭合环路，布置在堆场外圈，矿污水通过堆场矿污明沟系统和码头污水收集系统排入 2 座各 1 000 立方米的矿污调节沉淀池和一处 3 号污水沉淀池，经沉淀后进入厂内的生产污水处理站（不足部分通过长江取水和由 3 号污水沉淀池来补足），采用加药絮凝沉淀处理后存入蓄水池，生产污水处理站出水作为港区生产环保用水，为堆场、转运站和大机抑尘洒水提供水源。

图 2-39　污水处理厂

2.4.5　上海振华、上海宝山钢铁、唐山曹妃甸（链斗式卸船机）

链斗式卸船机在 20 世纪 70 年代开始使用，首先在欧美和日本等国家投入生产，到现在已经有近 50 年历史。日本和韩国新建的钢厂、电厂、散货码头都有配备链斗式卸船机。在国内，链斗式卸船机于 1987 年被引进，在上海港、广州沙角电厂使用。现阶段，国内使用链斗式卸船机的干散货码头有 3 家，分别是上海宝山钢铁原料码头、珠海神华煤炭码头、唐山曹妃甸实业有限公司矿石码头。

图 2-40　链斗式卸船机

上海宝山钢铁原料码头使用的是由大连重工设计的链斗式卸船机,其中,塔头控制系统和链斗传动机组是日本 IUK 原装进口。马迹山港区是最早准备使用链斗式卸船机的码头,经专家考察之后,由于浪涌较大,应急措施实施较为困难,改到在长江口处的宝山钢铁原料码头使用,并于 2009 年和 2016 年布置了 2 台效率分别为 3 600 吨/时和 2 500 吨/时的链斗式卸船机。该卸船机对货种要求比较高,块状、球团装货种装卸效率达 70%~80%,而抓斗卸船机最高卸船效率仅 50%,湿度较大的货种容易引起堵料。

图 2-41   上海宝山钢铁原料码头链斗式卸船机

曹妃甸二期矿石码头前沿布设两台 3 800 吨/时的链斗式卸船机,最开始使用的时候并不方便,故障率较高,4 年来,通过技术改进了 50 多个大项,现在基本达到可控状态。该卸船机对属性特别黏、含水率较高的物料,卸载效果不理想,使用效果最好的是澳矿。运行时间约占抓斗运行时间的 75%,卸料占总量的 20%~30%。在维修方面,经过 4 年的运营管理维护,基本达到自修为主的状态。每 800 万~1 000 万吨需要更换一次链条(约 100 万元)。开港 4 年来,仅 1~2 次特大风时停止作业,卸船机抗风条件达标。

图 2-42   唐山曹妃甸二期矿石码头链斗式卸船机

上海振华重工投产的 19 台设备中，销往国外的比例占 80%，其中，在日本和韩国，原料品质比较高；在越南，使用设备的是电厂，原料种类较为单一，这是国外链斗式卸船机较为普及的原因。

2.4.6　国投曹妃甸（条形仓）

国投曹妃甸煤炭码头工程位于唐山港曹妃甸港区挖入式港池，建设 5 万~15 万吨级煤炭泊位 10 个，年煤炭下水能力 1 亿吨，配备四翻式翻车机 5 台，8 台装船机，9 台堆料机，16 台取料机和 1 台斗轮堆取料机。工程分起步和续建两次建设，在堆场东、北、南三侧建设防风网。续建的 17 号、18 号堆场采用条形仓，跨度 103 米，分为 9 库，顶高 40 米。在棚内结合堆场洒水，对静态起尘的抑制率可达到 99% 以上。

续建工程翻车机房设置有 2 套干雾除尘系统，能够喷射出不同直径的水雾，其范围为 1~10 微米，水雾持续与空气中无组织排放的微小粉尘颗粒接触，完成捕集、吸附、互相黏结，靠自身重力作用沉降。抑尘率较高，降低了粉尘的爆炸率，相比喷淋装置，用水量大幅度降低。

堆场容量方面，条形仓的建设要留有消防和结构要求间距，堆场容量降低，有效堆存面积占条形堆场的 40%~60%。设备适用性方面，堆场设备是露天堆场模式，可以分别布设堆料机和取料机，一般条形仓布设的是堆取料机，堆存效率受影响。

图 2-43　条形仓

2.4.7　营口港鲅鱼圈港区（抑尘剂、苫盖）

营口港由营口老港、鲅鱼圈港区和仙人岛港区三部分组成。鲅鱼圈港区是营口港的主体港区，位于辽东湾东海岸台子山下，具有明显的区位优势。鲅鱼圈港区吞吐量货类构成中，以煤炭、石油、金属矿石、非金属矿石、化肥、粮食等为主的散装货物吞吐量占港区总吞吐量的比重达 50% 左右。2016 年，营口港鲅鱼圈港区的吞吐量为 3.5 亿吨。

1）码头布置工艺

营口港鲅鱼圈港区煤炭运输工艺见图 2-44。

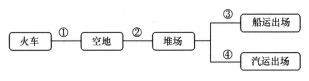

图 2-44　煤炭运输工艺

①煤炭由产地经火车运输至港口，由抓斗卸船机将煤炭卸至列车轨道旁的空地，最后对车厢内的剩余煤炭进行人工清理；

②空地上的煤炭经铲车装车后，汽运至堆场；

③首先由铲车装车，将堆场的煤炭汽运至码头前沿，再由装船机进行装船作业，最后煤炭经水路运输出场；

④场地内煤炭通过场地内铲车装车后，经汽车公路运输出场。

营口港鲅鱼圈港区矿石运输工艺见图 2-45。

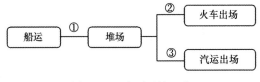

图 2-45　矿石运输工艺

①矿石经船运输至港口，由抓斗式卸船机卸至皮带转运系统，最后经堆场由堆料机卸料堆存；

②堆场矿石经取料机转运至皮带，经矿石装车机进行火车装车作业，由火车运输出场；

③场地内矿石通过场地内铲车装车后，经公路汽运出场。

2）港区内主要粉尘污染环节

（1）铁路沿线煤炭卸车。

鲅鱼圈港区铁路沿线煤炭卸车主要有两个产尘环节：一是抓斗式卸船机将煤由火车卸至铁路沿线空地的过程中，作业落差所引起的扬尘；二是人工清理火车车厢内剩余煤炭时，细小的煤炭颗粒受到扰动而产生的扬尘。

图 2-46　煤堆场火车卸车作业现场

（2）码头面自卸车卸煤。

码头面一般处于较大范围的空旷环境，除大型装卸设备外，无其他高大地面建筑设施，因此码头面区域的风力相对较大。码头面自卸车卸煤过程中，煤炭颗粒由于风力作用及卸车落差，造成的扬尘较大，形成的粉尘污染较为严重。

（3）道路煤炭运输。

鲅鱼圈港区煤炭在汽运倒垛、运输等过程中都不可避免地造成煤炭的洒落，港区其他作业环节所产生的扬尘在风力的作用下也有部分输移至路面。因此，车辆在运行过程中，这部分煤炭颗粒再次或多次进入环境空气中，形成二次扬尘。

（4）煤炭堆场堆存。

鲅鱼圈港区煤炭堆存过程中，煤堆表面细小颗粒在自然风力的作用下脱离煤堆，进入空气中造成严重的扬尘污染。

（5）堆场煤炭装车。

鲅鱼圈港区煤炭堆场铲车装车过程中，由于装车落差及风力作用的原因，造成的粉尘污染较为严重。

图 2-47　堆场装车作业现场

（6）码头煤炭装船。

鲅鱼圈港区码头煤炭装船所造成的粉尘污染，主要是由于抓斗装船机与船舱形成的装船落差所造成的扬尘污染。

（7）矿石火车装车。

鲅鱼圈港区采用大型移动装车机进行矿石装车，由于装车机落料口与火车车厢之间距离较大，在有风的天气状况下，矿石装车作业产生的粉尘污染较为严重。

（8）矿石堆场卸料。

鲅鱼圈港区矿石场内运输采用了装卸效率较高的皮带机转运系统。由于堆料机落料口与地面存在一定的落差，在有风的天气状况下，卸料作业造成较为严重的粉尘污染。

3）防尘抑尘环保设施

营口港鲅鱼圈港区针对码头、火车、汽车装卸作业和堆场、水平运输（道路、廊道）等产尘环节进行系统梳理，采取综合治理的措施。矿石码头工艺专业化程度较高，配备防风网、堆场喷淋、输送栈桥全封闭、道路洒水和机械吸尘车。煤炭作业工艺较为落后，煤炭堆场场内流动机械作业主要为载重车和铲车作业，载重车辆在运输过程中造成道路扬尘和装、卸车时产生的粉尘扬尘严重，道路上设置了洗轮机。A 港池码头装船目前采用门机作业，在码头沿线针对门机作业，设置车载式射雾器。针对 A 港池露天火车装卸线作业产生的细小扬尘，设置高架射雾器，并建设火车卸煤罩棚、地坑射雾装置等。

综上所述，目前对干散货港口的粉尘治理，国内外已经从机理研究、控制技术等方面开展了大量的研究工作，并已成功运用到实际港口环境保护中。但由于各地区自然条件、运输货种等因素各不相同，造成各类防控措施在实际应用中的效果存在较大差异。因此，本研究对干散货港口环保措施抑尘效率关键影响因子进行识别，建立不同类型、规模及工艺水平的干散货港口全作业环节粉尘污染配套控制技术评价指标体系，以弥补该方向的研究空白，本研究对我国干散货港口的粉尘污染防治工作具有较强的指导意义。

2.5 干散货码头粉尘污染防治现状

2.5.1 煤炭粉尘污染概况

对中国沿海城市的大气颗粒污染物污染来说，其最直接的原因之一就是港口粉尘在大气环境中的扩散和迁移，而煤炭堆存、倒垛和装卸过程中的尘源扩散往往构成了港口粉尘污染的主体。

我国是世界上最大的煤炭生产国和消费国，从我国的资源构成和产业政策来看，在今后几十年内，国内的能源消耗仍以煤炭为主，煤作为我国的主要能源，已占我国整个能源生产和消费的70%以上。我国煤炭"北煤南运""西煤东运""铁海联运"的基本运输格局与地理环境因素，导致与铁路相连接的水上运输主要枢纽港口大都集中在沿海地区，其中，秦皇岛、天津、青岛、上海和深圳等21个主要枢纽港口的煤炭运量约占整个沿海地区的95%以上。在煤炭中转储运的过程中，大量的粉尘被释放出来，使这些港口城市成为粉尘污染的重点区域。据初步统计，煤炭中转码头在对煤的装卸运输过程中，煤的起尘量占整个煤运量的0.1%，而煤粉的逸散量占整个煤运量的0.02%，按我国目前煤炭码头煤的年吞吐量6亿吨计，我国煤炭码头每年将损失12万吨煤尘，直接经济损失在2 400万元以上。煤炭运输在世界水上货物运输中占有很大的比重，许多专用码头也应运而生。这些码头的建成投产，促进了各国经济的繁荣与发展，但也可能造成严重的粉尘危害。

我国大部分港口码头煤炭的装卸堆存主要以露天式的粗放型管理为主，导致煤炭码头的颗粒物面源污染的监管一直处于无序状态，普遍采用的防风抑尘网单独抑尘效果不理想，而喷洒水抑尘也因其冬季结冰和水资源稀缺有一定的局限性。

2.5.2　干散货码头粉尘污染防治现状

随着煤炭码头环保标准越来越高以及用户对配煤需求的日益多样化，具有专业配煤功能、堆场封闭式、环保型煤炭码头越来越受到业内研究人员的关注。具有专业配煤功能、封闭筒仓式堆场的大型煤炭码头工程规划设计将是今后的发展趋势。秦皇岛港在治理煤尘方面主要采取了冲、洗、盖、喷、堵等有效措施，做到了干煤不见煤尘，干矿不见矿粉。所谓"冲"，就是及时冲洗码头、道路，保持港区整洁；"洗"是指建设洗车池，让进出港口的车辆洗干净车轮后再走；"盖"是指给煤垛、矿石垛进行篷布苫盖；"喷"是指采取洒水喷淋、喷洒结壳剂控制降尘；"堵"是指在煤炭作业现场建设长约2 470米的防风抑尘网，堵住漂向城市的煤尘。从2007年7月开始，秦皇岛港便启动了煤炭堆场防风网一期工程，目前，三期工程已经完成，总长度达2 480米，高23米。这项工程不但是港口防控尘模式的一个里程碑，也是迄今为止国内乃至亚洲建设规模最大、技术领先的防风网工程。在煤炭堆场建设防尘网，能够起到减少堆场风速，控制煤炭起尘，减少煤尘飘移、扩散等作用，使港口综合除尘效率提高到90%左右。防风网的建设对彻底解决堆场周围的煤尘污染问题，提高区域环境质量具有十分重要的现实意义。

锦州港的专业码头一期工程和二期工程总共投资超过80亿元，将建成专业化煤码头8个，设计通过能力为每年9 000万吨。全部工程完工后，锦州港煤炭码头将采用国际上先进的筒仓及球形仓作为煤炭存储设备。煤炭的装卸、存储、运输过程中的煤尘排放将得到有效控制。

广州港新沙港务有限公司煤码头吞吐量快速增长，特别是煤炭、矿石类货物增长很快，公司多年来对环保设施进行了不断扩容、改进和更新，以防治粉尘污染。新沙港务有限公司对装卸作业过程中的粉尘主要采取干湿结合的处理方式，具体可归纳为5个方面：在煤堆场堆取料机道上设置高压喷头；码头前沿至堆场的皮带机均用皮带机罩封闭，实现工艺流程封闭式输送；在堆取料机轨道上及轨道下对场边设置喷头，减少堆取料作业引起的飘尘；为防止粉尘飞扬，在料斗装料及落料口、斗轮堆取料机等处均设置抽风除尘装置；港区周围及筒仓、流动机械库等位置多种植绿化。

国内外对于粉尘污染基本上都倾向于"以防为主，以除为辅"，力求从根本上抑制尘源的产生和扩散。纵观各类粉尘防治技术，基本上分为防尘和除尘两大类。

在具体形式上，多是设置各类风障，降低作业区的风速，如防风网、条形仓、储煤棚等；洒水增湿，增加粉尘颗粒间的黏滞性和颗粒重量，如堆场的喷淋、翻车机房的干雾抑尘、转接塔的喷淋、针对装车线的射雾器等。干法除尘是将重点产尘部位尽可能封闭起来，同时辅助以一些集尘机械装置，该方法在我国港口的中转作业防尘措施中占据了一定的位置。常见的干法除尘措施有密封构造、集尘装置、覆盖和压实。

相对湿法除尘而言，干法除尘局部除尘效果较好，而且不受水源和季节气温限制，是湿法除尘的一种补充。但是干法除尘的处理能力较小，设备较复杂，一次性投资高，后期运营和维护成本较高，收集起来的细小微尘很容易造成二次污染，较难存放和处置。根据上述分析，目前国内外港口通常采用的数十种主要防尘措施基本上可以归纳为湿法、干法、干湿结合法和其他机械物理方法等形式。通过调研发现，湿法除尘仍然是最有效的防尘手段，是煤码头装卸中最主要的环境保护措施。它具有除尘效率高、运转费用低、操作简单、应用广泛等特点，其他任何方法目前均很难取代其地位与作用。在今后一个相当长的时期，煤炭港口特别是我国中部和南方沿海港口仍将广泛采用经济、高效的湿法喷洒水除尘方法。

2.5.3　干散货码头环境管理现状

干散货码头环境管理现状要从人员管理、作业管理、环保制度和体系建立、环保宣传、环保工作会议等方面综合评价。只有以上各个方面都得到加强，才能保障各种粉尘控制措施方案持续有效地实施。

　　从调研的具体情况分析，企业本身对环境管理的重视与规范程度直接影响到粉尘控制措施的有效性。各干散货码头公司都制定了相关的环境管理制度、管理规定、管理办法；以《中华人民共和国环境保护法》和《大气污染物综合排放标准》为准绳，制定下发了年度环境保护重点工作和一些综合整治实施方案等，大力推进绿色港口、碧水工程、蓝天工程等，重点落实国家和地方环保相关政策。

3 干散货码头建设项目环评管理现状

3.1 干散货码头建设项目环评审批现状

3.1.1 国家级项目环评审批现状

2006 年以来，环境保护部（以下简称"环保部"）规划共审批港口码头建设项目 143 个，总投资超过 3 580 亿元。其中，"十一五"规划审批 88 个（年均 18 个），"十二五"规划审批 52 个（年均 10 个），"十三五"规划开局年 3 个，审批项目数量大幅减少。2006—2007 年审批数量较多，年均 24 个，2008—2014 年，受 2008 年全球金融危机和 2009 年分级审批权限下放的影响，审批数量降至年均 13 个，2015—2016 年，主要受港口行业投资和市场下滑影响，审批数量降至年均 2.5 个。审批项目主要分布在沿海宁波–舟山港、唐山港、珠海港、青岛港等，涉及沿海（江）14 个省（市），其中广东、浙江、山东项目数量较多。码头类型以干散货、集装箱、油品和液体化工品为主。

3.1.2 地方项目环评审批现状

《建设项目环境影响评价文件分级审批规定》于 2008 年 12 月 11 日修订通过，自 2009 年 3 月 1 日起施行，2013 年 11 月，环保部对下放部分建设项目环境影响评价文件审批权限进行了修订，发布了《环境保护部关于下放部分建设项目环境影响评价文件审批权限的公告》。2015 年 3 月，环保部发布了《关于发布〈环境保护部审批环境影响评价文件的建设项目目录（2015 年本）〉的公告》，对环保部审批环境影响评价文件的建设项目目录进行了调整。

2016 年，地方审批干散货码头环评项目 27 个，其中省市级 10 个，区县级 17 个。项目所在地为安徽（3 个）、福建（5 个）、广西（1 个）、湖北（1 个）、海口（2 个）、江苏（3 个）、辽宁（1 个）、山东（2 个）、四川（1 个）、云南（1 个）、重庆（7 个）。从地区上可以看出，2016 年地方审批项目 89% 位于长江以南，以内河散货码头为主。新建项目 20 个，变更和改扩建项目 7 个。项目总投资 157 亿元。

3.1.3 干散货码头建设项目环保验收现状

2017 年 7 月 16 日，国务院以国务院第 682 号令公布了《国务院关于修改〈建设项目环境保护管理条例〉的决定》，自 2017 年 10 月 1 日起施行。新条例主要在以下几方面作出重大修改：一是删除"环评单位资质"条款，取消了资格证书审查制度的要求；二是取消竣工环保验收行政许可，将竣工验收的主体由环保部门调整为建设单位；三是增加"不予审批情形"条款，明确环评审批要求；四是明确环境影响技术评估法律地位；五是取消"试生产期间要求"；六是进一步加大了违法处罚和责任追究力度。

新政策执行后项目竣工验收主体变为企业，可能存在以下两方面的情况：执行好的企业，管理监管到位，环保设施建设符合环评要求；执行不好的企业，环保设施建设不到位，企业管理力度小，存在弄虚作假及造成环境污染的风险。

3.2 重点区域干散货码头环评执行情况

3.2.1 北方典型港口干散货码头环评执行情况

近年来，我国北方港口干散货码头环评项目主要分布在河北、山东、辽宁和天津，货物以煤炭和矿石为主，通用散货泊位货物还包括建杂、钢材等。其中，专业化散货码头中，河北黄骅港两个项目堆场采用圆形筒仓，所有项目与所在区域总体规划均相符。

所采取的粉尘控制措施主要如下。

堆场抑尘措施：堆取料机洒水除尘系统、堆取料机密闭防尘措施、堆取料机洒水头部洒水除尘系统、堆场喷淋系统、防风网、抑尘剂、苫盖、人工造雪。

转运环节抑尘措施：皮带机转接塔密闭防尘、转接机房洒水除尘、转接塔干式除尘器、转接塔干雾抑尘。

码头作业区域抑尘措施：码头作业机械喷淋系统、码头皮带机廊道挡尘板、伸缩溜筒、码头作业机械干雾抑尘、码头作业机械密闭防尘设施。

火车作业抑尘措施：干雾抑尘设施、洒水除尘设施、装车机密封。

道路抑尘措施：道路清扫设备、道路洒水设备、车辆密闭、车辆冲洗、交通疏导、道路改造。

3.2.2 长三角区域港口干散货码头环评执行情况

近年来，长三角区域港口干散货码头环评项目主要分布在江苏与浙江。货物以煤炭和矿石为主，通用散货泊位货物还包括钢材、建杂等。专业化散货码头中，堆场主要采用圆形仓、筒仓及条形仓。所有项目与所在区域总体规划均相符。

所采取的粉尘控制措施主要如下。

堆场抑尘措施：堆取料机洒水除尘系统、堆取料机密闭防尘措施、堆取料机洒水头部洒水除尘系统、堆场喷淋系统、防风网、防护林、抑尘剂、苫盖、射雾器。

转运环节抑尘措施：皮带机转接塔密闭防尘、转接机房洒水除尘、转接塔干式除尘器、转接塔干雾抑尘。

码头作业区域抑尘措施：码头作业机械喷淋系统、码头作业机械喷雾抑尘系统、码头皮带机廊道挡尘板、伸缩溜筒、码头作业机械干雾抑尘、码头作业机械密闭防尘设施、人工冲洗。

火车作业抑尘措施：装车机密封。

道路抑尘措施：道路清扫设备、道路洒水设备、车辆密闭、车辆冲洗、绿化。

3.2.3 珠三角区域港口干散货码头环评执行情况

近年来，广东省珠三角区域港口干散货码头环评项目大部分为专业化散货码头，堆场以圆形仓为主。

所采取的粉尘控制措施主要如下。

堆场抑尘措施：堆取料机洒水除尘系统、堆取料机洒水头部洒水除尘系统、堆场喷淋系统、防风网、防护林、苫盖、射雾器、干煤棚。

转运环节抑尘措施：皮带机转接塔密闭防尘、转接机房洒水除尘、转接塔干式除尘器、转接塔干雾抑尘。

码头作业区域抑尘措施：码头作业机械喷淋系统、码头作业机械喷雾抑尘系统、码头作业机械密闭防尘设施。

火车作业抑尘措施：装车楼除尘装置。

汽车作业抑尘措施：单斗装载机湿法除尘。

道路抑尘措施：道路清扫设备、道路洒水设备、车辆密闭、车辆冲洗、堆场和道路之间设置隔离墩、绿化。

3.2.4 长江沿线港口干散货码头环评执行情况

近年来，长江沿线港口干散货码头环评项目主要分部在安徽、湖北、云南、重庆。货物复杂，包括煤炭、砂石、工业盐和矿建材料等。所有项目与所在区域总体规划均相符。

所采取的粉尘控制措施主要如下。

堆场抑尘措施：堆取料机洒水头部洒水除尘系统、堆场喷淋系统、防风网、防护林、苫盖。

转运环节抑尘措施：皮带机转接塔密闭防尘、转接机房洒水除尘、转接塔干式除尘器、转接塔干雾抑尘。

码头作业区域抑尘措施：码头作业机械喷淋系统、码头皮带机挡尘板、卸船机伸缩溜筒、干雾抑尘设施、人工冲洗。

道路抑尘措施：道路清扫设备、道路洒水设备、车辆密闭、车辆冲洗、绿化、专业养路队。

3.3　环评审批管理存在的问题

3.3.1　环保部审批的项目

1）行业发展与生态保护冲突增加，项目选址需优化

多年经济高速发展，全国自然岸线保有情况不容乐观。有数据表明，2015 年长江干流岸线开发利用长度为 1 713.4 千米，约占规划长度的 20.6%，其中，港口码头岸线利用长度 911.3 千米，约占 10.9%。水运项目在空间上与水域生态功能存在重叠，必然会局部占用自然岸线、水域、滩涂等生态空间，可能对湿地鸟类、珍稀水生保护动物的栖息、活动造成一定的影响。

近十年，水运行业高速发展加剧了这一矛盾，部分近岸海域、长江干线发展与生态保护的矛盾尤为突出：一是地方围海造地、争夺岸线资源的现象十分严重，局部地区港口建设过热，岸线资源过度开发，如环渤海沿海码头分布密集，沿海不足 50 海里即有吞吐量规模过亿吨的大型港区，其中河北曹妃甸填海造地面积超过 300 平方千米；而苏北约 763 千米的海岸线上，自北向南密布着 9 个港口，仅江苏省盐城市（近岸海域较浅）就有大丰、射阳、滨海和响水 4 个港口；二是局部区域散货、油品等货种码头能力出现相对过剩的现象，同质化竞争较为激烈，影响岸线资源的有效利用。例如，京津冀地区海岸线长 640 千米，自北向南分布着秦皇岛港、京唐港、曹妃甸港、天津港和黄骅港 5 个主要港口。

水运行业项目生态敏感性明显增加，环评管理难度加大。"十一五"前，环保部审批的水运项目较少涉及生态敏感区，"十一五"期间，有 38 个项目涉及 44 个

生态敏感区，而"十二五"期间，仅长江航道就有 12 个项目涉及 6 个自然保护区。"十三五"期间，水运行业生态保护形势依然严峻。因此，水运行业亟须加强水域空间管控和规划选址，从空间布局上减缓行业发展与生态保护的矛盾。

2）环境隐患不断积聚，风险管控亟须加强

涉危化品的港口码头项目环境风险防范一直是水运行业环评管理的重点和难点。一是全国沿海、沿江涉危化品港口码头数量众多；二是港口"政企分开"后，船舶、码头及陆域分属海事和港口等不同行政管理部门管理，部分项目码头和后方库区被拆分，缺乏各部门、各环节统一有效的风险管控手段；三是目前危化品码头装卸货物种类繁多、成分复杂、运输和储存的环节较多，发生泄漏后也缺乏有效的处置措施，部分行业设计标准较低（如罐区防火堤高度不够），难以应对突发事故要求；四是部分项目工艺设施和管理落后，距离周边的居民点较近，其储存、运输的风险隐患不断积聚，一旦发生事故，可能严重影响区域生态安全和人体健康。例如，2010 年大连港"7·16 事故"致使大连湾约 430 平方千米海面遭受污染，其中重度污染区超过 10 平方千米；2013 年"青岛输油管道爆炸事件"造成约 1 000 平方米路面和约 3 000 平方米海域被污染。

干散货码头接卸往来船舶也存在溢油风险。有的泊位位置非常敏感，如丹东港大东港区 20 万吨级矿石码头位于丹东鸭绿江口国家级自然保护区实验区内，一旦发生溢油事故，如应对不及时，将会产生重大的事故后果。

3.3.2 地方审批存在的问题

1）环保主体责任落实不到位，体制机制需完善

部分港口码头企业的环保意识有待加强，现代化企业管理模式还未真正建立，行业协会也未能充分发挥环保上的行业自律作用，环保监管机制还不够完善，导致企业环保主体责任落实不到位。部分港口码头项目出现"未批先建""批小建大""偷梁换柱，规避审批"，企业擅自发生重大变更而不履行环保手续，主要环保措施不落实等违法、违规行为，严重降低了环评效能。

目前，地方环保部门"重审批轻监管"的环境管理模式还未完全转变，事中事后环境监管机制尚不完善，缺乏有效发现项目擅自变更、违反"三同时"行为的手段，全过程、全方位的环评管理技术支撑体系有待建立。部分水运项目建设可能对珍稀水生保护动物栖息生境、重要生态功能造成一定的影响，其影响程度需要运营一段时间后才能显现，目前港口项目已纳入环境影响后评价试点行业，但其后评价工作还未正式开展。此外，水运行业尚未建立行业环保数据库和环境管理信息平台，

给行业环境管理和公众监督带来困难。

2）地方审批水平参差不齐，业务管理需加强

水运行业建设项目环评审批权限下放后，多数项目将由地市级、区县级环保部门审批。水运行业专业性较强，不同类型的码头项目环境影响评价重点不同，评价、评估和审批人员均需要具备较丰富的行业和专业知识。从对 2016 年地方审批的水运项目抽查复核情况看，目前地方审批水平参差不齐，尤其是地市级、区县级审批质量相对较差，亟须提高。

分析影响地方环评审批质量的主要因素有四个。一是地市级、区县级审批人员数量、专业水平有限，缺乏足够的技术评估和专家队伍支持。二是水运项目环评文件在国家层面主要由技术实力较强的甲级单位编制，而下放到地方后，编制单位数量较多，部分评价单位技术实力较弱、业务不精；此外，环评市场也存在低价中标、业务转包等问题，亟须规范。三是港口建设项目环评审批尺度各地不一致，缺乏统一原则。四是现行生态、环境风险评价导则及港口行业评价规范等对水运行业的指导不足，也缺少水运行业环评技术导则。

4　我国散货港口输运概况

4.1　干散货运输格局

"十一五"以来，全国水运行业经过十余年高速发展，目前已基本形成较大规模和完整的港口体系，按照《全国沿海港口布局规划》，全国沿海基本形成以主要港口为节点的环渤海地区、长江三角洲地区、东南沿海地区、珠江三角洲地区和西南沿海地区5个沿海规模化、集约化港口群，包括24个主要港口、24个地区性重要港口和其他一般港口。

1）环渤海地区港口群

环渤海地区港口群由辽宁、津冀和山东沿海港口群组成，服务于我国北方沿海和内陆地区的社会经济发展。沿线亿吨级大港有大连港、天津港、青岛港、秦皇岛港和日照港，占全国沿海亿吨级大港的50%。其中，辽宁沿海港口群以大连东北亚国际航运中心和营口港为主，津冀沿海港口群以天津北方国际航运中心和秦皇岛港为主，山东沿海港口群以青岛港、烟台港和日照港为主。

2）长江三角洲地区港口群

长江三角洲地区港口群依托上海国际航运中心，以上海、宁波、连云港为主，充分发挥舟山、温州、南京、镇江、南通、苏州等沿海和长江下游港口的作用，服务于长江三角洲以及长江沿线地区的经济社会发展，是五大港口群中发展最快、实力最强的一个，已成为推动全国"经济列车"前进的重要引擎。上海港、宁波–舟山港作为长三角港口群的代表，成为长三角经济发展乃至全国经济发展的核心和重要支撑。

3）东南沿海地区港口群

东南沿海地区港口群以厦门港和福州港为主，包括泉州、莆田、漳州等港口，满足福建和江西等内陆省份部分地区的经济社会发展和对台"三通"的需求。港口的发展带动了临港工业的布局，满足了福建对外贸易的需求，保障了海峡两岸的经贸交流，在促进海峡两岸经济崛起中作用明显。

4）珠江三角洲地区港口群

珠江三角洲地区港口群由粤东和珠江三角洲地区港口组成。该地区港口依托香港地区经济、贸易、金融、信息和国际航运中心的优势，在巩固香港地区国际航运中心地位的同时，以广州港、深圳港、珠海港、汕头港为主，相应发展汕尾、惠州、虎门、茂名、阳江等港口，服务于华南、西南部分地区，加强广东省和内陆地区与港澳地区的交流。以港口为中心的现代物流业已成为珠江三角洲地区港口群所在城市的重要支柱产业之一，在该地区综合实力的提升、综合运输网的完善等方面正发挥着越来越重要的作用。

5）西南沿海地区港口群

在我国大陆沿海港口群中，西南沿海地区港口群特色鲜明，由粤西、广西沿海和海南省的港口组成。该地区港口的布局以湛江港、防城港、海口港为主，相应发展北海、钦州、洋浦、八所、三亚等港口。虽然该港口群集装箱运输起步较晚，但近年来发展势头锐不可当。由于背靠腹地深广、资源富集、发展潜力巨大的广西、贵州、云南、四川、重庆、西藏六省（市、区），又面向不断升温的东盟经济圈，港口可助推我国西部崛起，为海南省扩大与岛外的物资交流提供运输保障，已成为中国与东盟开展经济贸易交流的"黄金通道"。

我国港口运输目前有两大系统：以北方沿海秦皇岛、唐山、天津、黄骅、青岛、日照、连云港等港口为主的煤炭装船港和华东、华南沿海公用与企业专用煤炭卸船

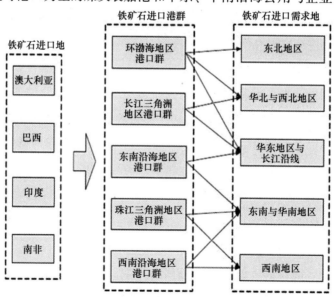

图4-1　进口铁矿石运输系统格局

码头为主构成的"北煤南运"煤炭运输系统；由大连、营口、青岛、上海、宁波-舟山、湛江等港口的 10 万～30 万吨级泊位构成的铁矿石运输系统。

4.2 货种与吞吐量情况

我国码头干散货吞吐量较大，涉及货种主要包括煤炭、金属矿石、非金属矿石、粮食、水泥及矿建材料等，其中，煤炭和铁矿石在码头运输中占据主导地位。2017年，全国港口码头完成货物吞吐量 140.07 亿吨，其中干散货吞吐量达 79.58 亿吨，约占货物总吞吐量的 57%，成为码头运输量最大的货类，远超集装箱（20%）、液体散货（9%）、件杂货（9%）等其他货类。规模以上港口煤炭和铁矿石的吞吐量分别达 23.3 亿吨和 18.3 亿吨，占码头干散货总吞吐量的 52.2%。

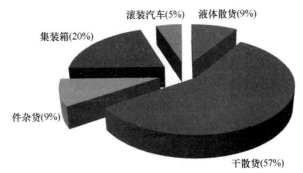

图 4-2　2017 年全国港口五大货类吞吐量占比

4.2.1 煤炭运量情况

受煤炭市场需求提升的影响，2017 年，全国规模以上港口完成煤炭吞吐量23.34 亿吨，与 2014—2016 年增速（-5.34%～3.8%）相比，同比大幅增长8.5%；其中，环渤海地区主要港口完成煤炭吞吐量 7.89 亿吨（约占 33.8%）。全国煤炭吞吐量超过亿吨的港口有秦皇岛港、黄骅港、唐山港和苏州港。其中，秦皇岛港、黄骅港分别为大秦线、朔黄线的配套下水港口，担负着"西煤东调"和"北煤南运"的重要任务。受环渤海"汽运煤禁运"的影响，具有铁路运输优势的秦皇岛港、黄骅港、唐山港等煤炭吞吐量实现快速增长，而天津港降幅达27.2%（表 4-1）。

表 4-1　2017 年主要港口煤炭吞吐量

排名	港口	年吞吐量	增速（%）	排名	港口	年吞吐量	增速（%）
1	秦皇岛	2.16 亿吨	35.3	6	广州	8 115 万吨	4.4
2	黄骅	2.11 亿吨	9.6	7	天津	7 983 万吨	−27.2
3	唐山	1.77 亿吨	23.8	8	上海	7 098 万吨	−9.1
4	苏州	1.73 亿吨	7.3	9	南京	6 524 万吨	6.7
5	宁波–舟山	8 471 万吨	5.91	10	南通	5 610 万吨	7.8

我国 10 万吨级及以上煤炭泊位能力约为 7.49 亿吨，泊位能力远小于吞吐量。由此可知，煤炭码头不仅仅靠大码头泊位来支撑，小泊位也起到关键作用。根据统计数据，2017 年，唐山港实际通过能力达 3.1 亿吨，实际吞吐量为 1.77 亿吨；黄骅港实际通过能力为 1.8 亿吨，实际吞吐量为 2.11 亿吨；天津港实际通过能力为 0.85 亿吨，实际吞吐量约为 0.8 亿吨；日照港实际通过能力为 3 亿吨，实际吞吐量为 0.3 亿吨；秦皇岛港实际通过能力为 1.95 亿吨，实际吞吐量为 2.16 亿吨。其中，产能过剩、产能缺口、产能匹配的各有 2 个，然而这 6 个传统煤炭大港总体吞吐量仅占全国的 30%，说明煤炭码头位的运输格局在不断变化，接卸港口范围不断扩大。另因南方煤炭接卸以货主自备码头为主，统计方面存在困难。总体而言，我国煤炭市场供大于求的局面有待改善。

4.2.2　矿石运量情况

2017 年，全国规模以上港口完成金属矿石吞吐量达 20.28 亿吨，其中铁矿石吞吐量 18.3 亿吨，同比增长 5%，环渤海地区港口群铁矿石吞吐量约占 40%。全国铁矿石吞吐量超过亿吨的港口有唐山港（2.47 亿吨）、宁波–舟山港（2.43 亿吨）、青岛港（1.53 亿吨）等 7 个，合计占 60%，均位于环渤海地区港口群、长江三角洲地区港口群。因铁矿石进口及转运量由北方港口向南转移，北方天津港、青岛港吞吐量出现下降，而长江三角洲地区港口群转运量显著增加，宁波–舟山港、上海港同比增长13% 和 17%（表 4-2）。

表 4-2　2017 年主要港口铁矿石吞吐量

排名	港口	年吞吐量（亿吨）	排名	港口	年吞吐量（亿吨）
1	唐山	2.47	5	连云港	1.14
2	宁波–舟山	2.43	6	上海	1.024
3	青岛	1.53	7	天津	1.018
4	日照	1.39			

2019 年，我国港口铁矿石进口接卸量增量约为 4 200 万吨，铁矿石吞吐量增量约为 9 500 万吨，说明铁矿石运输的中转需求较高。据统计，我国铁矿石接卸量一直大于大码头的接卸能力，作为常态，实际码头能力并不紧张。相反，从港口利润率来看，吞吐量的增加并没有带来利润率的增加，说明价格在下降，引起价格下降的原因很可能是货源不足，能力过剩。21 世纪的前 10 年，我国基本解决了铁矿石码头的能力短缺问题，近期，考虑到我国环境压力，铁矿石码头的布局更应考虑基地化，同时，随着钢铁企业向沿海搬迁的步伐，应进一步做好配套码头工作。

4.3　货泊位数量与分布

根据 2018 年相关统计数据，目前全国拥有干散货泊位约 13 140 个。从泊位类型来看，全国拥有专业化干散货泊位 1 631 个（内河 1 205 个、沿海 426 个，占比 12.41%），通用散货泊位 9 260 个（内河 8 456 个、沿海 804 个，占比 70.47%），其他（泊位类型不详）2 249 个。

从分布水域情况来看，干散货泊位主要分布于内河流域，共有泊位 11 576 个（占比 88.10%），其中长江流域泊位数量最多，为 6 832 个（占比 51.94%）；沿海干散货泊位数量为 1 564 个（占比 11.9%）。

4.4　泊位吨级与通过能力

目前，全国沿海拥有万吨级及以上干散货泊位 805 个，其中专业化干散货泊位 387 个，通用散货泊位 418 个。内河拥有千吨级及以上干散货泊位 2 078 个，其中专业化干散货泊位 502 个，通用散货泊位 1 569 个。沿海、内河不同吨级泊位情况见表 4-3 和表 4-4。

表 4-3　沿海不同吨级泊位情况　　　　　　　单位：个

泊位类型		1 万吨级以下	1 万吨级及以上	合计
专业化干散货泊位	煤炭泊位	13	260	273
	矿石泊位	76	85	161
	粮食泊位	21	33	54
	散装水泥泊位	9	9	18
通用散货泊位		386	418	804
泊位类型不详		334	0	334
合计		839	805	1 644

据统计，全国干散货泊位年设计总通过能力约为 61.5 亿吨，其中沿海干散货泊位年设计总通过能力约为 32.3 亿吨，内河干散货泊位年设计总通过能力约为 29.2 亿吨。干散货泊位年设计通过能力见表 4-5。

表 4-4 内河不同吨级泊位情况　　　　　　　　　单位：个

泊位类型		1 000 吨级以下	1 000~5 000 吨级	5 000~1 万吨级	1 万吨级及以上	合计
专业化干散货泊位	煤炭泊位	413	245	47	49	754
	矿石泊位	36	21	11	16	84
	粮食泊位	148	31	5	8	192
	散装水泥泊位	106	48	16	5	175
通用散货泊位		6 887	1 326	148	95	8 456
泊位类型不详		1 908	7	0	0	1 915
合计		9 498	1 678	227	173	11 576

表 4-5 干散货泊位年设计通过能力　　　　　　　　单位：万吨

泊位类型		沿海	内河			合计
			长江	其他	小计	
干散货泊位	煤炭泊位	142 048	34 034	15 157	49 191	191 239
	矿石泊位	71 054	9 964	313	10 277	81 331
	粮食泊位	10 226	2 336	1 185	3 521	13 747
	散装水泥泊位	1 508	11 728	3 201	14 929	16 437
通用散货泊位		92 977	123 375	70 900	194 275	287 252
泊位类型不详		5 182	12 471	7 247	19 718	24 900
合计		322 995	193 908	98 003	291 911	614 906

4.5　小结

我国沿海"五大区域港口群"与"四大货类"运输体系已布局完成。2017 年，全国拥有 10 万吨级及以上的煤炭泊位 46 个，规模以上港口完成煤炭吞吐量 23.34 亿吨；拥有 10 万吨级及以上矿石码头泊位 64 个，规模以上港口完成金属矿石吞吐量达 20.28 亿吨。

从运输格局来看，我国煤炭港口运输中，小规模码头起到了不可忽视的作用，传统煤炭大港在我国煤炭港口运输中的主导地位逐渐减弱，运输格局发生了变化，总体来看，煤炭市场仍处于供大于求的局面；对于铁矿石港口运输，需充分考虑环境压力、市场需求等多方面因素，应逐步向基地化发展。

5 干散货港口粉尘污染防治相关管理要求

5.1 法律政策

《中华人民共和国大气污染防治法》要求，运输煤炭等散装物料的车辆应当采取密闭或者其他措施防止物料遗撒造成扬尘污染；装卸物料应当采取密闭或者喷淋等方式防治扬尘污染；贮存煤炭、煤矸石等易产生扬尘的物料应当密闭，不能密闭的，应当设置不低于堆放物高度的严密围挡，并采取有效覆盖措施防治扬尘污染。

《大气污染防治行动计划》要求，企业是大气污染治理的责任主体，要按照环保规范要求，加强内部管理，增加资金投入，采用先进的生产工艺和治理技术，确保达标排放，甚至达到"零排放"；要自觉履行环境保护的社会责任，接受社会监督。

《打赢蓝天保卫战三年行动计划》要求，在环渤海地区、山东省、长三角地区，2018年年底前，沿海主要港口和唐山港、黄骅港的煤炭集港改由铁路或水路运输；2020年采暖季前，沿海主要港口和唐山港、黄骅港的矿石、焦炭等大宗货物原则上主要改由铁路或水路运输。

5.2 行业规范

《水运工程环境保护设计规范》（JTS 149—2018）分别从装卸船、装卸车、堆场堆取料、带式输送机、转运站、筛分、堆场、车辆集疏运、后方主干道及辅助道路等方面明确了应采用的除尘抑尘方式。

《煤炭矿石码头粉尘控制设计规范》（JTS 156—2015）分别对总平面布置要求、装卸设备粉尘控制、煤炭与矿石堆存粉尘控制、汽车转运粉尘控制、粉尘控制配套设置及设备维护与监测提出了明确要求。

5.3　地方法规

党的十九大以来，随着国家层面一系列大气污染防治战略的制定，环渤海散货港口所属各地市为落实任务部署也相应制定了大气污染防治条例、治理工作方案、行动计划等，并明确了大气污染控制目标与具体内容。涉及散货港口粉尘污染控制的内容，主要包括提高铁路和多式联运运能，推进岸电设施建设，散货港口堆场实施封闭、围挡、覆盖与喷淋等措施。

5.4　小结

随着国家环保政策日益收紧，以颗粒物为主要污染物的散货港口行业逐渐被社会所关注，为更好地抑制散货港口作业过程中产生的扬尘污染，国家层面分别从法律政策、行业规范层面提出了管理要求；地方层面为契合国家蓝天保卫战、污染防治攻坚战等环境治理战略，各地方制定的大气污染防治条例、实施方案及行动计划等也对散货港口作业粉尘污染管控提出了要求。

6 干散货码头企业环境管理现状与对策研究

6.1 干散货码头环境保护政策约束分析

6.1.1 国家法律法规约束分析

我国于 2015 年对《中华人民共和国大气污染防治法》（以下简称《大气污染防治法》）进行了修订，并于 2016 年 1 月 1 日起正式实施。修订后的《大气污染防治法》对企事业单位的大气污染防治提出了明确要求，其中也包括对港口码头企业的大气污染防治要求。例如："新建码头应当规划、设计和建设岸基供电设施；已建成的码头应当逐步实施岸基供电设施改造。船舶靠港后应当优先使用岸电。""内河和江海直达船舶应当使用符合标准的普通柴油。远洋船舶靠港后应当使用符合大气污染物控制要求的船舶用燃油。""企业事业单位和其他生产经营者建设对大气环境有影响的项目，应当依法进行环境影响评价、公开环境影响评价文件；向大气排放污染物的，应当符合大气污染物排放标准，遵守重点大气污染物排放总量控制要求。""企业事业单位和其他生产经营者向大气排放污染物的，应当依照法律法规和国务院环境保护主管部门的规定设置大气污染物排放口。""企业事业单位和其他生产经营者应当按照国家有关规定和监测规范，对其排放的工业废气和本法第七十八条规定名录中所列有毒有害大气污染物进行监测，并保存原始监测记录。其中，重点排污单位应当安装、使用大气污染物排放自动监测设备，与环境保护主管部门的监控设备联网，保证监测设备正常运行并依法公开排放信息。监测的具体办法和重点排污单位的条件由国务院环境保护主管部门规定。""企业事业单位和其他生产经营者违反法律法规规定排放大气污染物，造成或者可能造成严重大气污染，或者有关证据可能灭失或者被隐匿的，县级以上人民政府环境保护主管部门和其他负有大气环境保护监督管理职责的部门，可以对有关设施、设备、物品采取查封、扣押等行政强制措施。"

根据以上内容可以看出，目前国家对大气污染控制的要求与力度在不断加大，大气污染的主要控制对象仍以粉尘为主，这就对粉尘污染较为严重的干散货码头企业提出了更高的要求。同时，新的《大气污染防治法》也完善了企业粉尘污染防治措施落实要求、污染物总量控制与排放要求、企业违法处罚要求等内容。对干散货码头企业而言，落实粉尘污染防治措施、对产生的大气污染物进行总量核算与控制、加强企业粉尘污染排放的监督管理也将成为干散货码头企业后续环保工作的重点。

6.1.2 国家《大气污染防治行动计划》要求

在《大气污染防治行动计划》中，与干散货码头有关的大气污染防治要求包括如下几条。

（1）"加大综合治理力度，减少多污染物排放"中明确提出，"深化面源污染治理""加强施工扬尘监管，积极推进绿色施工，建设工程施工现场应全封闭设置围挡墙，严禁敞开式作业，施工现场道路应进行地面硬化。渣土运输车辆应采取密闭措施，并逐步安装卫星定位系统。推行道路机械化清扫等低尘作业方式。大型煤堆、料堆要实现封闭储存或建设防风抑尘设施"。

（2）"强化节能环保指标约束"中提出，"提高节能环保准入门槛，健全重点行业准入条件，公布符合准入条件的企业名单并实施动态管理。严格实施污染物排放总量控制，将二氧化硫、氮氧化物、烟粉尘和挥发性有机物排放是否符合总量控制要求作为建设项目环境影响评价审批的前置条件"。

（3）"明确政府企业和社会的责任，动员全民参与环境保护"中提出，"强化企业施治。企业是大气污染治理的责任主体，要按照环保规范要求，加强内部管理，增加资金投入，采用先进的生产工艺和治理技术，确保达标排放，甚至达到'零排放'；要自觉履行环境保护的社会责任，接受社会监督"。

根据《大气污染防治行动计划》中与干散货码头企业有关的大气污染防治要求可以看出，目前对于干散货类型的码头企业，国家将大气污染防治的重点放在能源转型、总量控制、环保装备技术改革、社会责任等几个方面，特别是在京津冀、长三角、珠三角等大气污染重点控制区域，应重点开展柴油机、非道路、船舶的大气污染排放控制；加快制定柴油车国Ⅵ排放标准，加强柴油车及后处理产品生产一致性与在用符合性检测，推进车载测试、远程诊断和遥测技术等应用；尽快淘汰国Ⅱ及以前不达标柴油车，实施国Ⅲ和国Ⅳ不达标的柴油车技术升级和改造；研发非道路用柴油机机内与机外净化技术体系，研究和推广岸电使用、船舶尾气脱硫脱硝技术，在重点区域、核心港口率先实施船舶排放控制区措施，进行综合应用示范。同时结合目前国家的排污许可制度，干散货码头企业也应尽快推进大气污染物的总量核算工作，掌握企业主要大气污染物的排放基础数据，核算污染物排放总量，对重点源排放实施季节性排放限值，优化港口装卸过程，对干散货运输流程进行优化调整；推进先进环保技术的创新与应用，进一步提高港口的粉尘控制效果，从整体上提高干散货码头企业的大气污染防治效果。

6.1.3 蓝天保卫战工作任务要求

2018 年 6 月，国务院发布了《打赢蓝天保卫战三年行动计划》，提出了"经过 3 年努力，大幅减少主要大气污染物排放总量，协同减少温室气体排放，进一步明显降低细颗粒物（$PM_{2.5}$）浓度，明显减少重污染天数，明显改善环境空气质量"的工作目标。其中与干散货码头粉尘污染防治有关的内容如下。

"深化工业污染治理。持续推进工业污染源全面达标排放，将烟气在线监测数据作为执法依据，加大超标处罚和联合惩戒力度，未达标排放的企业一律依法停产整治。建立覆盖所有固定污染源的企业排放许可制度，2020 年年底前，完成排污许可管理名录规定的行业许可证核发。"

"推进船舶更新升级。2018 年 7 月 1 日起，全面实施新生产船舶发动机第一阶段排放标准。推广使用电、天然气等新能源或清洁能源船舶。长三角地区等重点区域内河应采取禁限行等措施，限制高排放船舶使用，鼓励淘汰使用 20 年以上的内河航运船舶。"

"推动靠港船舶和飞机使用岸电。加快港口码头和机场岸电设施建设，提高港口码头和机场岸电设施使用率。2020 年年底前，沿海主要港口 50% 以上专业化泊位（危险货物泊位除外）具备向船舶供应岸电的能力。新建码头同步规划、设计、建设岸电设施。重点区域沿海港口新增、更换拖船优先使用清洁能源。"

根据以上内容可以看出，在国家最近发布的打赢蓝天保卫战工作要求中，对港口码头的大气污染防治对象以逐渐由以往的粉尘污染防治向持久性有机污染物转变，由以往的总悬浮颗粒物（Total Suspended Particulate，TSP）污染防治向细颗粒物污染防治转变。对于干散货码头企业而言，虽然持久性有机污染物不是主要的环境影响因子，但细颗粒物的治理仍是未来大气污染防治的主要任务。排污许可证的管理也将与未来企业大气污染防治紧密结合，虽然按照国家污染源分类管理名录，干散货码头企业需在 2020 年完成排污许可证的申请与核发工作，但是前期仍需开展许多工作，如大气污染物的在线监测、污染物的总量核算等，这些工作需要占用大量时间，因此对于干散货码头企业，为满足国家整体排污许可证制度的需要，各企业需根据自身的实际情况在近两年内开展大气污染物的监测与总量测算工作，为后续企业管理与排污许可证申报奠定基础。

6.1.4 环保主管部门管理趋势转变的要求

近年来，我国企业环境管理已逐渐由以往的事前环评审批管理开始向企业运营的事中事后管理转变。2015 年，环境保护部印发了《建设项目环境保护事中事后监督管理办法（试行）》文件，目的是明确各级环境保护部门建设项目环境保护事中事后监督管理的责任，规范工作流程，完善监管手段，提高事中事后监管的效率和执行力，切实管好建设项目建设和生产、运行过程中的环境保护工作，不断提高建设项目环境监管能力和水平，强化建设单位履行环境保护的主体责任。目前，环保部门已按照该文件的要求，开展了生态类建设项目事中事后监管技术方案的制定工作，港口码头企业也是其中的主要研究对象。

事中事后监管的企业环境管理方式转变，是完善环境管理制度的需求。对干散货码头企业而言，其环境影响的方式、途径与工业类建设项目显著不同，主要表现在施工期影响突出以及运营期影响具有长期性、累积性和不确定性等特点。一方面，现行管理制度对施工期和运营期的监管不足，无法对生态影响类建设项目实际造成的环境影响及生态保护措施的落实进行全面检验和准确评估；另一方面，适用于工业类建设项目的排污许可证的管理方式和机制，在指导干散货码头企业建设和运行全过程的环境保护工作方面缺乏针对性和有效性。

建设项目事中事后监管的方针政策，对干散货码头企业的大气污染防治也提出了新的要求，除了在建设项目初期开展好环境影响评价工作外，还应在建设阶段以及企业运营后加强对大气污染防治措施的落实与运行效果监管，努力做好以下几个方面。

（1）在企业施工建设期间做好大气污染防治监管。核查项目工程概况的基本信息与环评文件是否相符；核实项目涉及的大气环境敏感目标的数量、位置等与环评文件是否相符；核查搅拌场、施工场地、施工便道扬尘是否超标；核查环评文件及其批复提出的施工期洒水降尘、覆盖等措施落实情况；是否根据主导风向合理选择施工场地和混凝土搅拌场的位置；施工场地等附属设施的锅炉设置情况是否达标排放；核查大气污染治理措施（如汽车运输土方、砂石料、水泥建筑材料进场时，对易起尘物料应加盖篷布，严格控制进场车速，减少装卸落差；爆破作业点和相应的砂石场、施工作业场地配备洒水车或布设给水管线，定期洒水等）落实情况及实施进度。

（2）在企业运营后做好粉尘污染控制的监管工作。核实企业各类环保设施是否按照环评文件要求进行配置（包括堆场防风网、喷洒水等除尘设施是否配备；码头前沿皮带机是否配备防风挡板、封闭隔尘罩等设施；港区配备的装船机、卸船机、斗轮机等设备是否设有喷雾设施；港口洗车台建设情况；洒水车、流动射雾器配备情况、油气回收装置配备情况等）；检查各类环保措施的运行是否符合要求（各类环保设施是否具备运行、维护、巡检记录；耗材更换是否具备记录；是否具备自我监测记录等）；核查港口大气质量监测情况是否满足要求（是否按照要求的频次开展大气环境质量监测；监测指标是否与环评或批复文件一致；监测结果是否满足要求等）。

6.2　典型干散货码头环境管理现状

6.2.1　神华天津煤炭码头环境管理现状

神华集团有限责任公司是以煤炭生产、销售，电力、热力生产和供应，提供煤制油及煤化工，相关铁路、港口等运输服务为主营业务的综合性国有大型能源企业。

企业的煤炭卸车、水平运输、装船作业和堆存都采用环保型的专业化工艺，使运营期产尘量得到有效控制，尤其是筒仓堆存工艺，彻底解决了煤炭露天堆存工艺在风力下起尘问题；采用封闭式皮带机，避免了水平运输工程中煤尘的逸散。为防止煤炭运输及卸车时产生大面积粉尘飞扬，在煤炭进场之前，企业对其喷水加湿。设置了煤炭加湿站，根据煤炭表面水分，对煤炭表面水分偏低、容易起尘的煤炭进行加湿，使其表面水分提高到8%，以达到减少起尘的目的。

为减少码头作业过程产生的煤粉尘的影响，企业在工程建设时合理营造了防尘绿化林带，在生产区与辅助生产区的道路两侧种植了速生高大、在本地区成活率较高的乔木，在绿化布置及树种选择上尽量与环境保护和城市发展规划相结合来考虑，保持与周围环境协调的格局，同时在不影响工艺布置和生产管理的情况下，尽量提高绿化系数。

在此基础上，企业建立了完善的环境监测计划，并按照计划开展了每年的环境质量监测工作。

6.2.2　天津港南疆散货港区环境管理现状

天津港南疆散货港区大气污染源众多，例如，船舶和动力装置燃煤、燃油产生的烟尘烟气排放，大量二氧化硫、氮氧化合物、燃烧不充分产生的一氧化碳、烃类进入大气，锅炉、烟囱产生大量粉尘颗粒物；煤炭、矿石、散粮等散货装卸运输过程产生的粉尘微粒；建设施工过程同样贡献很大，如混凝土搅拌机作业起尘及平整场地时起尘，汽车运输及陆域填方过程引起物料洒落起尘及道路二次扬尘，车辆尾气排放等。

作为以散货装卸业为主的天津港南疆港区，既是环境管理的对象，又是实施环境管理的行为主体，必须在生产活动全过程中贯彻经济与环境相协调的原则。其环境管理内容核心就是把环保融于企业经营管理的全过程中，在企业决策中将环保作为重要因素。在生产活动中，积极采用环境友好型的新技术、新工艺、新能源，减少有害废弃物的排放，节约资源，并采取有效、有力的措施进行严格审查监督。同时推动对员工和公众的环保宣传与引导，承担环境保护的社会责任，树立"绿色企业"的良好形象。

自天津港（集团）有限公司构建环境管理体系，对南疆散货港区进行环境管理以来，港区污染得到初步控制，环境有所改善，如 2015 年"美丽港口·一号工程"项目开展，明确了以散货物流中心整体搬迁、碱渣山治理、防风网建设等十大重点工程建设任务；组建了南疆港区环境治理联合执法工作组，采取联防联控昼夜巡查方式，对南疆港区三个重点部位进行了重点监控，强化源头治理，严控车辆运输洒漏等污染。落实煤炭矿石货垛苫盖、抑尘洒水喷雾、车辆轮胎冲洗、场道清扫保洁、车辆密闭运输、完善防风抑尘网建设等措施，有效降低港区扬尘污染。2016 年绿化面积 390.74 万平方米，当年投入养管及建设资金约 1.18 亿元，海面漂浮物的清捞投入 72 万元，清捞 180 多次，极大地降低了港池内水环境污染。

天津港作为环境管理行为的主体，针对自身内部实施环境管理。其主要内容包括以下三点：一是参照 ISO 14000 系列标准，在集团内部建立和实施环境管理体系，内容包括环境方针、规划、实施和运行、检查和纠正措施以及管理评审；二是防治生产过程中的污染物排放，对象主要有大气污染物、污水防治、噪声污染控制；三是推行清洁生产。

天津港南疆散货港区环境管理方式包括督促、检查港区内企业是否根据相关法规进行环保工作；是否能够执行国家以及本地所指定的污染物排放指标以及相关管理措施；对各公司污染源进行实时监测，关注各企业发展现实状态，对起到环境保护的设备是否正常使用进行监督；推进各企业进行清洁性生产活动；联合港区内所有相关部门一同进行环境预估，并对本公司发生的污染事件进行分析调查，设定公司环保工作未来发展方案，并跟进工作情况；组织各部门开展环保科技应用会议，增加各部门之间互动，对具有效能性的新技术予以推广；对公司员工进行环境保护工作教育培训，使全体员工对环保问题给予关注，培养具有环境保护技能的员工等。

6.2.3 镇海港埠有限公司环境管理现状

镇海港埠有限公司是宁波舟山港股份有限公司下属的分公司，其经营范围包括装卸、储存、中转液体化工原料、油品、煤炭、散杂货等多种生产、生活资料，公司位于宁波-舟山港组成之一的镇海港区，固定资产约22亿元。镇海港区现有煤炭泊位6个（1号泊位、3号1泊位、4号泊位、21号泊位、22号泊位、23号泊位）。2009年，宁波港镇海港区将建化工北路与已建新标准海堤和金属园厂区之间的三角形地块改造成煤堆场，同时将镇海港区14.07万平方米的后海塘煤场整体搬迁至4号堆场，改造后的煤堆场是一个技术先进和环保措施全面的专业煤堆场，共形成陆域面积约74.7万平方米，按建设前后分成3块区域，3个煤炭堆场。

镇海港埠有限公司根据自身粉尘污染特点以及国家环保要求，在全面设置了各项粉尘污染防治措施的基础上，已制定了相应的环境管理制度，对煤炭装船作业、煤炭卸船作业、散货装卸船作业、堆场作业、车辆二次扬尘预防等容易产生粉尘污染的环境进行了详细的规定与要求，要求煤炭装船作业时，装船机悬臂端部溜槽下沿与船舱沿面之间的垂直间距应随着船舶内煤炭量的多少进行调整；煤炭队安排具体人员对现场煤尘进行监管，对起尘量大的煤炭货种建立档案并反馈给管理部门；正常作业下，每个作业堆场洒水频度每个班次不少于6次，节假日照常。煤场喷淋洒水作业应与作业同步进行，要把车辆经过的煤场道路列为喷淋重点，需要时由场地指导员向调度室提出洒水车的申请。对于车辆，要求包括：散货车辆的装载高度不得超过车辆挡板高度，车厢安装有活动挡板的车辆在散货运输过程中必须使用活动挡板，没有活动挡板的长途车辆必须盖篷布；车队和需要进港作业的散货运输车辆必须保证车厢密封性良好，防止发生道路洒落等。

对于非常规气象条件下的粉尘污染防治，企业也作出了详细的规定。若遇有大风，正常洒水等措施难以控制粉尘，有可能造成环境污染，企业作业时，调度部门在布置作业计划时必须进行环境预警，要求落实环保监督人、现场责任人和现场巡查人，随时跟踪现场情况。

同时，镇海港埠有限公司于2018年开展了环保管家与企业自我环保核查专项工作，重点针对干散货区域的污染防治以及其他环保措施进行了自我核查与整改工作，明确了散货区域污染源。在此基础上对锅炉废气、挥发性有机化合物（Volatile Organic Compounds，VOC）废气等也进行了现场核查与确认，明确了港区整体的大气污染源。

同时企业也确认了各项大气环保措施的运行情况，并进行了记录与备案。

企业通过开展环保管家与环保自我核查工作，对目前大气污染防治，特别是干散货码头的粉尘污染防治工作进行了梳理，明确了后续的污染防治工作重点，提高了环境保护工作的效率与水平。

图 6-1   散装水泥装卸现场

图 6-2   煤炭堆场现场

图 6-3   燃气锅炉废气排口

图 6-4 煤炭堆场射雾器及喷枪

图 6-5 煤炭堆场防风网

图 6-6 VOC 废气处理设施

6.3 干散货码头企业环境管理对策建议

6.3.1 干散货码头企业环境管理问题分析

根据目前对干散货码头企业的现状调研，企业在环境管理，特别是粉尘污染控制方面存在着以下主要问题。

1）部分企业规划布局不合理

一些干散货码头在前期规划建设中考虑环境问题较少，经营管理者缺乏环保意识，"重经济效益、轻环境保护"现象十分普遍。长期以来，在港口的规划建设中，港口企业往往只考虑投资成本和经济效益，较少考虑环境保护问题，忽略港口大气环境承载力因素，造成码头与后方规划布局不合理，环境保护规划不完善。例如，部分企业散货物流中心距离码头前沿距离较远，堆场布局缺少总体规划，港区内由于车辆交通线路规划不合理，没有规划停车等待区，换单程序烦琐等情况，一方面因作业距离增加引起粉尘污染物增加，堆场粉尘控制效率降低；另一方面港区内大量汽车在路边怠速等待，造成交通拥堵，汽车尾气排放，对空气质量造成严重影响。

2）干散货码头企业大气污染防治对象不明确

目前，国内一些干散货码头对大气污染防治对象不明确，重点控制因子还是以 TSP 为主，缺少针对可吸入颗粒物（PM_{10}）、$PM_{2.5}$ 等环境颗粒物的防控理念与防控措施，导致大气污染防控效果不佳。

3）部分企业环境管理制度存在缺陷

目前，部分企业环境管理体系尚未形成完整的实施、运行制度。对环境服务工作的频率、成效缺乏相应的规定，也没有对整个环境管理体系运行状况的详细记录，缺少信息反馈、交流机制，对环境管理系统的持续改进不利。此外，还应在环境管理机构的基础上落实环境保护目标责任制，逐级细化各单位、基层的环境保护目标与排污许可量和节能目标，对重点排污环节加强监察力度。

4）一些企业对目前国家的环保政策要求缺乏认识

企业对于国家在港口码头大气污染防治方面的政策与要求认识不足，导致环保工作未落实到位。例如，从 2018 年 1 月 1 日起，《中华人民共和国环境保护税法》正式实施，散货港口煤炭粉尘排放不再征收排污费，同时依法征收环境保护税。部分干散货码头企业对粉尘排放核算无有效的方法，排污系数的选择缺乏科学依据，部分企业直接以吞吐量作为排污量核算依据，未考虑环保措施的建设和使用情况，也未考虑不同环保措施抑尘效果差别，不利于企业积极自主地降低粉尘污染排放；部分企业大气污染环节识别不全面，污染源强计算存疑。

5）环境管理思维局限

一些企业环境管理思维局限于污染防治，未从本质上贯彻清洁生产的思维。企业环保行动迫于法律法规与道德规范，未将环境管理与经济增长挂钩，缺乏经济驱动力。人力与资金投入多倾向于污染末端治理，可持续发展仅体现在有限污水、粉尘回收再利用等，缺乏环境技术创新和管理创新。部分港口码头企业的环保意识有待加强，现代化企业管理模式还未真正建立，行业协会也未能充分发挥环保上的行业自律作用，地方环保部门、企业环境管理、行业协会的监督监管机制还不够完善，导致企业环保主体责任落实不到位。

6）粉尘污染防治观念落后

部分企业粉尘污染防治观念还停留在达标排放、浓度控制的层面，未能与国家总量控制的环境保护要求相衔接，部分环保工作开展不及时，不利于后续排污许可等工作的落实。对于散货港口的排污收费，有的地方环保部门与吞吐量和建设的环保设施挂钩，对于环保设施的运行维护，具体的除尘抑尘情况并无监管，大大削弱了企业环保管理的积极性。

7）企业事中事后环境监管机制尚不完善

缺乏有效发现项目擅自变更、违反"三同时"行为的手段，全过程、全方位的环评管理技术支撑体系还未建立，导致企业在建设与后期运营阶段产生环保措施落实不到位，部分环保措施运行效率低下等问题。

6.3.2 干散货码头企业环境管理对策措施分析

1）完善基础建设布局，加快拓展铁水联运

我国自"十二五"期间开始全面推动铁水联运，比欧美等发达国家晚了近60年。由于铁水联运在运输成本、节能降耗等方面存在突出优势，近几年得到行业主管部门的大力推动。2016年，交通运输部等18个部门联合发布《关于进一步鼓励开展多式联运工作的通知》（交运发〔2016〕232号），要求推动中长距离货物运输由公路有序转移至铁路、水路等运输方式。发展铁水联运可以有效减少港区干散货粉尘污染及运输沿线柴油货车尾气排放，目前优化调整交通运输结构已成为重要的环保手段。

铁水联运快速拓展就要求应尽快出台相关法律法规，明确相关部门的职权关系，建立资源整合利用共享机制与政策，要加快铁水联运的基础设施建设，加大对铁路干支线的投资力度，激励港口、铁路等相关利益方共同投资建设铁路专用线，解决"最后一公里"连接问题。作为干散货码头企业，应积极转变以往的单一运输方式，在后续运营以及规划中，落实铁水联运的基础设施建设，减少车辆运输带来的粉尘污染。

2）深化"放管服"改革，完善技术标准体系

近年来，我国环保要求不断提高，污染防治力度不断加大。"十二五"期间，国务院发布《大气污染防治行动计划》，对全国城市，尤其是京津冀、长三角、珠三角等区域颗粒物浓度提出明确要求；交通运输部明确提出加快推进绿色交通、绿色港口建设，降低港口粉尘污染。2017 年 8 月，环境保护部、国家发展和改革委员会、工业和信息化部等多部委及北京、天津、河北等省市共同印发《京津冀及周边地区 2017—2018 年秋冬季大气污染综合治理攻坚行动方案》，提出 2017 年 10 月至 2018 年 3 月，京津冀大气污染传输通道"2+26"城市 $PM_{2.5}$ 平均浓度同比下降 15% 以上，重污染天数同比下降 15% 以上。《重点区域大气污染防治"十二五"规划》要求大型煤堆、料堆场建立密闭料仓与传送装置。

"十三五"期间，环保政策制定的总体原则是"简政放权、放管结合"，加强对建设项目全过程的环境管理，进一步强化环境保护工作由注重事前审批向加强事中事后监督管理的转变。交通运输部还陆续出台了包括油气回收、岸电、老旧船淘汰等一系列相关技术指南和管理政策，推进了港口大气污染防治技术的应用实施。

随着社会经济发展，我国大气污染问题日趋复杂化，污染影响范围由区域变成跨区域，污染源由单一源变成复合源。与此同时，污染防治政策也有针对性地进行了一系列的修订：由固定污染点源治理到"两控区"综合治理，再到跨区域联防联控；控制目标经历了从单一目标污染物到复合型污染物综合防控的过程。要提升环境治理的能力，还是要依靠改革创新，简政放权，把更多力量放到包括环境保护在内的事中事后监管上，完善相关的技术标准体系；强化督查执法，大幅度提高环境违法成本；引导全社会树立生态文明意识，确保完成污染防治攻坚战和生态文明建设目标任务。

3）费改税、排污许可与无组织排放核算

2016 年 11 月，国务院办公厅发布《控制污染物排放许可制实施方案》，明确排污许可制衔接环境影响评价管理制度，融合总量控制制度，为排污收费、环境统计、排污权交易等工作提供统一的污染物排放数据，且在 2020 年年底前所有港口企业要完成排污许可证的申领和发放申办工作。2018 年 1 月 1 日起，《中华人民共和国环境保护税法》正式实施，费改税后，征管模式转变为"纳税人自行申报、税务征收、环保协同、信息共享"。责任主体发生转变，由原来的环保部门核定转变为纳

税人自行申报，纳税人对申报的真实性和完整性承担责任。根据污染物排放浓度实行差别化征税政策，对促进企业减排可以起到良好的激励作用。

应尽快形成全国统一的粉尘排放量核算方法，综合考虑吞吐量、环保措施、管理水平、码头的专业化水平、南北方气候差异等。同时干散货码头企业应尽快落实粉尘起尘量核算工作，明确粉尘总量控制等标准要求，落实排污许可申请的相关工作。

4）南北分区、因地制宜、提高粉尘综合治理水平

重视老旧港口尤其是内河小规模港口的作业工艺及环保工程的改造，因地制宜地采用多种技术手段开展港口粉尘实施综合治理，对已取得显著粉尘综合治理成效的港口（如镇海港）经验进行总结和推广。

开展港口粉尘综合治理是消减散货港口粉尘污染的根本方法，散货港口由于面积大、起尘环节多、经营方式限制以及工艺调整余地少等原因，使得粉尘治理工作必须从系统上和整体上进行。仅仅对某一个环节进行治理会产生一定的效果，但是由于其他相应措施跟不上，会减少甚至抵消治理措施的效率，造成多次治理后效果不明显。因此，开展散货港口粉尘污染综合治理是消减港口粉尘污染的根本方法。

区分港口类别，因地制宜。将现有干散货港口按照港口类型（专用码头、通用码头、专业码头、老码头等）、所属地域（南方、北方）、港口规模（内河、沿海港）进行区分，针对不同类型的干散货码头采取不同的粉尘污染防治措施或工程，因地制宜。

在有条件的专业化业主码头，环评中应优先采取筒仓（条形仓）工艺。

为控制码头卸船和皮带运输环节的粉尘排放，可采用链斗式卸船机和抓斗卸船机配合使用，对皮带机采取覆盖带等先进技术。

应重新规划通用散货码头的粉尘防治工艺，从根本上解决粉尘起尘源的问题。

5）提高港口企业环保管理水平，环保技术向智能智慧化发展

通过调研发现，湿法除尘仍然是最有效的防尘手段，是煤码头装卸中最主要的环境保护措施。它具有除尘效率高、运转费用低、操作简单、应用广泛等特点，目前其他任何方法均很难取代其地位与作用。在今后一个相当长的时期，煤炭港口特别是我国中部和南方沿海港口仍将广泛采用经济、高效的湿法喷洒水除尘方法。

根据研究结果，各港口应根据自身所在的地理位置、工艺特点和环境功能区划要求等条件，因地制宜地采用以湿法除尘为主，同时配合防风抑尘网、封闭工艺设施（以筒仓为代表）等其他措施的综合治理方案。我国干散货港口目前采用的湿法除尘方案仍有较大的提升改造空间，今后环评管理中应重视智能化洒水喷淋、翻车机房等关键工艺环节洒水等湿法除尘的提升改造要求。

6）完善事中事后环境监管机制，加强监督监管机制

通过大量的现场调研，我们发现，散货港口粉尘污染防治，除了较为先进的抑尘措施和工艺流程改建，运营期的环保设施高效运行、企业的环保管理、当地环保部门的监督监管是保证粉尘防治长期有效、环保工程达到预期效果的必要手段。完善干散货港口现场实时监测系统布设，及时掌握粉尘污染变化趋势及环保设施工程的抑尘效果，同时实时指导港区内环保设施优化运行（如喷洒水作业、转接塔干式除尘器作业等）。

7 散货港口粉尘污染防治技术与适应性分析

7.1 粉尘污染环节梳理

散货港口粉尘污染主要来源于散货的装卸、堆存和输运环节，由于码头间存在地域、基础设施的专业化水平、转运方式等差异，起尘方式也不尽相同，本节对散货从进港至出港所涉及的不同工艺流程造成的粉尘污染特点进行梳理分析。

7.1.1 卸车/卸船环节

1）进港火车翻车卸料

对于专业化水平较高的散货港口，此环节是煤炭进港的第一个转运环节，按翻车能力可以分为"单翻""双翻"和"三翻"。翻车机卸煤系统用机械的自动化控制，卸车效率高，作业量大，因此产生的一次源强较大，散货港口一般都为翻车机系统配套建设相应的翻车机房，翻车作业在半封闭的建筑设施内进行。

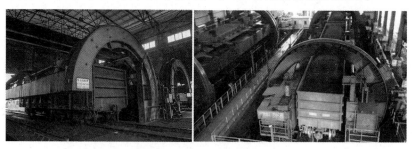

图 7-1 进港火车翻车卸料

2）进港火车螺旋卸料

对于专业化水平较低的散货港口，进港煤炭采用螺旋卸车机卸料，火车轨道两侧建设有输运皮带机坑道，煤炭经坑道进入皮带机流程。该环节一般采取露天作业，

图 7-2　进港火车螺旋卸料

并辅以人工或者机械进行火车清底，粉尘污染相当严重。

3）抓斗卸船至皮带机

对于专业化水平较高的散货港口，卸料抓斗将散货由船舱转移至卸船机卸料漏斗，散货经漏斗定量、匀速地卸至皮带机。抓斗卸船一次卸料量较大，而且处于码头前沿，受风速气象条件影响较大，如不加以抑制，粉尘污染较严重。

图 7-3　抓斗卸船至皮带机

4）抓斗卸船至前沿堆场

对于专业化水平较低的散货港口，散货卸船先通过抓斗将散货由船舱转移至码头前沿堆场，抓斗释放瞬间造成较大的粉尘污染，卸至前沿堆场的散货再采用铲车装车，汽运至后方堆场存储，此倒运过程均在动态中完成，存在较多的不确定因素，粉尘污染相当严重。一些散货港口通过总结经验，对卸船环节进行了技术改造，通过建设卸料直接装车设施，减少了铲车装车环节，粉尘污染也在一定程度上得到了控制。

图 7-4　抓斗卸船至前沿堆场

7.1.2　转运环节

1）皮带机变向转接点

散货港口根据作业流程需要，通过建设具有高度差的皮带机完成大角度转向，不同走向皮带机通过全封闭料斗以及配套建设的转接塔楼，消除散货转向落差造成的粉尘污染。该环节由于处于全封闭设施内，粉尘污染较小。

图 7-5　皮带机转向点及转接塔楼

2）皮带机输运

皮带机输运是当今散货港口普遍采取的转运工艺，皮带机运输速度较快，大大提高了散货接卸效率。除为保证大机（装卸船机、堆取料机）运行无法实施全封闭的部分皮带机外，其他段位皮带机一般采取全封闭措施抑制和消除散货高速运转造成的粉尘污染，该环节起尘主要源于高速运行造成散货洒落、无法封闭皮带机段以及堆场内堆取料皮带机机头转向点造成的粉尘污染。

3）汽车输运

散货港口汽车转运一般分为以下四种：一是通过汽运将码头前沿卸船散货转运至堆场；二是散货堆场内部的倒垛作业以及将取料机无法取到的地面部分散货归集

图 7-6   堆场内堆取料皮带及场外转接塔皮带

图 7-7   散货管带机长距离输运

至其他垛位等；三是极少数的散货港口也存在通过汽运将火车卸料转运至堆场；四是通过汽运将散货运至距离码头较近的散货需求企业。汽车运输环节，粉尘污染主要源于散货装车和运输过程中的二次扬尘，对于堆场地面未实施硬化的老旧码头以及不利的气象条件，粉尘污染相当严重。

图 7-8   码头前沿散货汽车输运与场内汽运倒垛

7.1.3 堆料环节

1）堆料机堆料

对于专业化水平较高的散货港口，经皮带机流程输运至堆场存储的散货经过堆料机卸至堆场堆存。该环节由于堆料机头与地面有一定落差，高速下落的散货在外界风气象因素作用下易造成粉尘污染。

图 7-9　堆料机堆料

2）装载机堆料

对于专业化水平较低的散货港口，经汽车输运至堆场的散货通过装载机将物料堆高。由于装载机堆料高度存在一定的局限性，部分散货堆场为了进一步堆高，通过挖掘机逐层堆高。该环节散货运输、卸车、装载机及挖掘机堆高作业的动态扰动起尘较严重。

图 7-10　汽运卸料及装载机堆料

7.1.4 堆存环节

现阶段，堆场区域散货一般采取多堆存储，而堆场又处于露天开放状态，散货料堆在风力作用下，细颗粒物料从堆垛表面脱离造成粉尘的无组织排放，这也是散货堆场粉尘污染治理的难点。

图 7-11 散货堆场

7.1.5 取料环节

1）取料机取料

对于专业化水平较高的散货港口，一般采用取料机对堆场内的料堆实施取料作业，然后进入皮带机输运流程。该环节起尘主要由取料机对料堆的扰动引起的动态起尘，在外界风力作用下，取料作业起尘较严重。

图 7-12 门式取料机及悬臂式取料机

2）装载机取料

散货装载机取料主要针对汽车运输的装料环节，该环节起尘主要由装载机对料堆的扰动以及装载机对地面洒落的散货物料扰动引起的动态起尘，在外界风力作用下，取料作业起尘较严重。

图 7-13　装载机取料

7.1.6　装车/装船环节

1）装船机装船

对于专业化水平较高的散货港口，一般采用码头前沿的装船机对到港船舶实施装船作业。除常见的大型装船机外，少数内河散货港口同样采用装船机装船，但前段皮带机流程采用基坑式入料，堆场至基坑落料处仍然依托汽运。装船环节起尘主要由于装船机落料口与船舱存在落差，而且码头前沿处于开阔地域，在外界风气象因素影响下，装船作业起尘较严重。

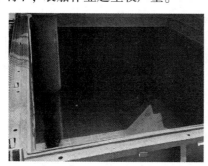

图 7-14　海港大型装船机

2）装车机装车

该环节主要通过装车机对输出散货实施火车装车、汽车装车，通常装车机分为固定式和移动式，固定式装车机一般配套建设半封闭设施，需要装车的火车或汽车从落料口下方经过，通过卸料系统完成装车；移动式装车机通常仅针对火车装车，通过装车机的移动卸料完成对停靠火车的装车。该环节起尘主要由于散货落料口与装载汽车、火车仓底行程的落差，在外界风气象因素影响下，起尘较严重。

图 7-15 内河基坑式装船机

图 7-16 移动式火车装车机与固定式汽车装车楼

7.2 现阶段主要控制技术

纵观国内外散货港口扬尘污染控制技术，基本上采取"以防为主，以除为辅"的原则，力求从根本上抑制尘源的产生和扩散，因此技术手段也基本分为防尘和除尘两大类。本节对干散货港口扬尘污染常用控制技术特点进行梳理分析。

7.2.1 风障抑尘技术

风障技术是指建设构筑物、建筑物或其他方式，减小和避免散货作业环节受外界风气象因素的影响，从而达到抑尘的目的。风障抑尘技术主要应用于散货堆场，主要包括以下几种。

1）防风抑尘网

自环境保护部 2007 年开始强化干散货港口项目堆场粉尘治理措后，防风网抑尘技术被散货港口广泛应用。从技术角度来看，由于散货堆场面积较大，防风网的掩护距离又存在一定的局限性，虽然防风网建设能够缓解散货堆场静态风蚀起尘，但

图 7-17 堆场防风网

若不辅以堆场喷淋等措施，其效果并不十分显著。

2) 堆场封闭

堆场封闭技术主要指筒仓、条形仓及球形仓等全封闭设施。此项技术可以完全隔绝堆场与外界环境，从根本上解决散货堆场的粉尘污染问题。对于大型散货港口堆场，除神华黄骅港煤三期筒仓堆场外，无其他应用实例，这主要是由于筒仓封闭技术在大型散货堆场的应用存在一定的局限性。

目前，大型散货堆场全封闭技术应用实例较少，仅神华黄骅港煤炭三期建设了48 个储煤筒仓，国投曹妃甸煤二期 17 号、18 号堆场采用了跨度 103 米，顶高 40 米的条形仓，球形仓或干煤棚在电厂配套煤炭堆场应用较多。

条形仓   筒仓

球形仓   干煤棚

图 7-18 散货堆场全封闭设施

3) 堆垛表面苫盖

堆垛表面苫盖是通过人工将堆垛表面覆盖一层聚乙烯密目网或帆布等，使堆垛隔绝外界环境，避免起尘。目前，港口通过人工苫盖具有一定的抑尘效果，而且能使堆垛美观。但有不少港口反映，现普遍使用的聚乙烯密目网强度低、光滑、重量轻、易兜风，在海风环境下，使用寿命低，加上夏季温度高，更加快了苫盖物的老化速度，从而容易出现缺口，使其防尘能力严重降低。这不仅造成了资源的浪费，而且苫盖和拆垛的工序烦琐，存在塌垛等安全隐患，不利于港口作业的提速增效。

图 7-19　散货堆场苫盖抑尘

4）抑尘剂

抑尘剂是通过与水按一定比例混合，喷洒在煤堆表面，从而起到抑制风蚀起尘的作用，抑尘剂主要分为高分子抑尘剂、环保型抑尘剂和功能性抑尘剂三大类。对于一次投资较大的堆场封闭技术，堆垛苫盖或者喷洒抑尘剂是较好的临时替代技术，也可起到堆垛与外界环境隔离的效果，避免风蚀起尘。

图 7-20　配比好的抑尘剂与抑尘剂堆垛喷洒

5）防风林带

防风林带是人工"吸尘器"，由于树木高大，树冠能减小风速，因此可以降尘。树木滞尘的方式有停着、附着和黏着 3 种。防尘树种的选择应选择树叶的总叶面积大、叶面粗糙多绒毛、能分泌黏性油脂或汁浆的树种。防风防尘林带滞尘能力的大小和树叶的大小、枝叶的疏密、树叶表面的粗糙程度等因素有关。在产生粉尘的堆场外围和敏感建筑物周围，要种植各种乔木、灌木和绿篱，组成浓密的树丛，发挥其阻挡和过滤作用。针对港口散货堆场的特点，可因地制宜地选用不同树种作为防风防尘林带树种。

目前，防风林带通常是防风网的辅助措施，一般建设在防风网外侧，起到进一步降低堆场风速、抑制粉尘扩散、降低噪声以及美化环境的作用。

图 7-21　堆场防风网结合防风林带建设

7.2.2　湿法喷淋技术

湿法喷淋技术是通过增加散货含水率，增加粉尘颗粒与大颗粒的附着强度，增加堆垛表面张力，从而增大扬尘启动风速的方式来抑制起尘。其具体形式分为以下几种。

1）堆场洒水喷淋

堆场洒水除尘系统是目前散货露天堆场抑制扬尘最主要的手段，喷洒水从形式上可以分为定点自动喷洒和流动机械喷洒两大类。前者的自动化程度很高，广泛用于散货堆场，具备很好的抑尘效果和使用效率，但北方港口冬季由于气温较低，洒水除尘受到一定的限制。流动机械喷洒使用灵活，不受气候条件的限制，对局部作业防尘起到很好的抑制作用。

2）移动和定点式射雾器

射雾器是通过将水雾化成与粉尘大小相当的水珠，经强风动装置将水珠喷洒至空中，粉尘颗粒随气流运行过程中与水珠颗粒产生接触而变得湿润，被湿润的粉尘颗粒继续吸附其他粉尘颗粒而逐渐聚结成粉尘颗粒团，并在重力作用下沉降，从而达到抑尘的目的。射雾器单点作业粉尘污染覆盖面积大，对 200 微米及以下粉尘具有较好的捕捉能力，散货港口运用的射雾器主要分为移动式和定点式两种。

3）高压雾化喷淋

通过管道加压，配合可调节出水形态的雾化喷头形成的高压水流或水幕，在外

图 7-22 堆场洒水控制泵房与喷枪喷淋

图 7-23 固定式和移动式射雾器

界风作用力的影响下，不易偏移除尘目标环节，常用于取料机斗轮处、堆料机落料口、翻车机房以及皮带机机头等起尘部位。雾化喷淋对散货作业环节的抑尘效果主要取决于喷嘴的造型与起尘粒径，在相同耗水量的情况下，雾滴粒径越小，雾滴数目就越多，与粉尘接触机会也就越大，进而可提高捕尘效果。然而，如果雾滴太小，对降尘效果会有影响，粒径太小的雾滴包裹尘粒之后会继续随风流运移；此外，也可能发生已捕集了尘粒的微细液滴受蒸发影响，出现尘粒"逃逸"的情况，从而直接降低雾滴捕集粉尘的效果。

图 7-24 堆、取料机高压雾化喷淋系统

4）洒水车路面增湿

路面洒水增湿主要为抑制散货场区车辆行驶引起的二次扬尘污染，主要形式是通过洒水车对路面实施洒水。目前，散货港口都配备有洒水车，由于其机动性强的特点，除日常路面洒水外，还用于局部堆垛喷淋、喷洒抑尘剂等。

图 7-25　堆场路面洒水

7.2.3　干雾抑尘技术

近十年来，干雾抑尘技术被广泛用于散货港口局部环节除尘，与传统单一的喷洒水相比，干雾抑尘技术具有除尘效果显著、节约水资源的优势，其在散货港口，封闭或半封闭设施的局部环节除尘已逐步取代了喷洒水。干雾抑尘系统采用模块化设计技术，主要由电控模块、多功能模块、流量控制模块、雾箱模块以及喷雾器组件与电伴热系统组成。干雾形成是利用压缩空气和水分别通过喷头的进气口和进水口进入喷头，在喷头的内部出口处会合，由于喷头的特殊设计，压缩空气在喷头出口处的速度超过音速而产生音爆，音爆的能量将水爆炸成相对较小的水雾颗粒，而后进入共振室。共振室振子能将音爆的能量和压缩空气的冲击波反射产生强震波，将较小的水雾颗粒再次爆炸，产生成千上万直径为 1~10 微米的水雾颗粒，在捕捉 5 微米以下的可吸入浮尘方面具有其他抑尘设备无法比拟的优点，被应用于翻车机房、

图 7-26　转接塔落料与翻车作业中的干雾抑尘

转接塔落料口、卸船机落料斗等环节。

7.2.4 干式除尘技术

干式除尘技术主要用于散货港口相对封闭的设施内部除尘，比较常见的是布袋与静电除尘技术，其投资建设费用较高，随着干雾抑尘技术的日趋成熟，干式除尘技术在散货港口的应用也越来越少。

1）布袋除尘技术

布袋除尘技术在散货堆场除尘方面应用较早，主要用于翻车机房与转接塔环节。在落料处设置进气口，通过负压将含尘气流抽入箱体进风通道，再反向上进入粉尘室，大粉尘颗粒在气流转向时，由于重力和离心作用，直接进入灰斗，细小粉尘颗粒气体由布袋外表面过滤后由出风口排出，由螺旋输送系统运至指定地点。

图 7-27 翻车机房与转接塔中的布袋除尘器

2）静电除尘技术

与布袋除尘技术类似，静电除尘技术也主要用于散货港口的翻车机房与转接塔环节，其原理是通过负压使粉尘经过电离状态下的两极空间，使粉尘荷电，荷电粉尘在电场力的作用下移动并聚集在电极上，通过振动电极，粉尘从电极上成片状脱落至灰斗中，并由输送系统运至指定地点。

7.2.5 道路抑尘技术

道路抑尘技术主要针对散货港口场区内部由于车辆运输造成的二次扬尘污染，对于以汽运为主的散货港口，其道路二次扬尘污染相当严重，除加强人工清理、路面增湿洒水和控制车速外，比较常见的路面抑尘措施是在港区车辆通行主要路段修建洗轮机。洗轮机系统一般包括冲洗区、沥水区、清水蓄水池、一级沉淀池、二级沉淀池、电气控制系统、高压冲洗水泵、污水泵及其管路喷嘴，对通过车辆轮胎与

图 7-28　翻车机房中的静电除尘器

底盘进行清洗，减少散货堆场汽运二次扬尘。

图 7-29　散货堆场洗轮机

7.2.6　其他辅助技术

散货港口除上述粉尘污染控制技术外，同时采用以下辅助方法或技术设备，减少和抑制散货粉尘。

1）链斗卸船技术

链斗式卸船机的环保功能主要体现为对扬尘的控制，链斗式卸船机在工作时，头部挖掘部位一直在船舱内，在挖掘的同时可以配备洒水系统，有效对挖掘过程中产生的扬尘加以控制。

链斗式卸船机的优缺点很明显，国内之所以不够普及，一方面是通用散货港口货种较为复杂，品质参差不齐，链斗式卸船机遇到湿度较大的货种时，容易产生堵料，造成链斗系统损坏；另一方面，链斗式卸船机对波浪力比较敏感，与抓斗卸船方式不同，其柔性钢丝连接可以消化波浪力的影响。目前，链斗式卸船机仅能承受不超过 600 毫米的由波浪力引起的仓底高差。

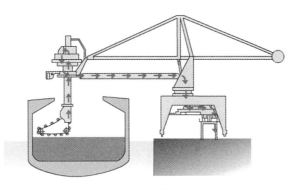

图 7-30　链斗式卸船机工作原理

2）管带机技术

散货港口皮带机一般采用加装防尘罩实施全封闭，避免散货转运粉尘污染。目前，对于长距离皮带机运输，一些港口采用管带机技术，该技术通过设置上下两套呈正切六边形布置的托轴组，皮带通过托轴组时自动卷曲成封闭筒状，使散货一直处于密闭转运状态。散货管带机长距离输运，其优势是高效环保，无须配套转接塔就能形成大弧度的转弯。日照港部分采用管带机将铁矿石直接输送至日照钢铁控股集团有限公司、山东钢铁集团有公司，实现了部分矿石作业不落地。

图 7-31　管带机技术

3）皮带机密闭

皮带机防尘罩的主要作用是封闭皮带机，从而抑制和消除散货高速运转造成的粉尘污染。对于码头前沿皮带机，少数小规模煤炭码头（如福建华阳电厂配套煤炭码头）采用与卸船机同步行走的皮带实现了全封闭。

4）装船机溜筒

装船机溜筒的主要作用是减小装船机落料口至船舱的落差，从而减小粉尘的产生，其形式主要分为固定式与伸缩式。

图7-32　皮带机防尘罩

图7-33　固定式与伸缩式装船机溜筒

5）场路隔离设施

散货堆场一般采用隔离墩等设施，对到场和道路实施隔离，一是可以避免堆垛表面的散货滑落至路面，造成道路二次扬尘污染；二是防止码头流动机械随意在堆场和道路间行走，保障通行安全。

图7-34　场路隔离设施

6）场路清扫设备

场内道路清扫主要是通过清扫车对道路沉积的散货粉尘进行清理，道路清扫车兼具清扫、吸尘与洒水功能；堆场清扫车一般只具备清扫功能。

7）港区绿化

加强港区绿化也是降低散货粉尘扩散的重要手段，同时可以起到美化环境的作用。

图 7-35 道路与堆场清扫车

图 7-36 散货港口的绿化

7.3 散货港口粉尘污染控制技术适用性分析

本节主要依据收集到的以往散货堆场扬尘控制研究资料，根据现有除尘技术特点，从适用环节、除尘效率以及优缺点方面分析不同作业工艺、除尘技术对干散货码头粉尘污染控制的适用性，并对适用于同一环节的不同工艺或抑尘措施的优缺点进行对比分析。

7.3.1 防风网、筒仓与条形仓对比分析

1）环保

从工艺模式的应用上，封闭堆存（筒仓、条形仓）具有使用方便、保护环境、节省占地等优点，尤其在环保方面，封闭堆场方案可将堆取料作业过程中产生的扬尘封闭在特定空间内，具有防雨雪、防风沙、保证煤炭成分、湿度稳定等优点。

露天堆场配套防风网方案具有占地面积大、粉尘污染源分布广等缺点。通过对不同散货码头的调研，散货堆场起尘点较大的部位主要是堆场和物料转接点，其常规抑尘技术是在起尘区域配备干式除尘系统或湿式除尘系统，例如，在堆场内采用洒水除尘和物料转接点，可以采用干式除尘和湿式除尘结合的除尘方案。在采用相应环保措施后，散货码头作业区粉尘排放量总体上可以控制在国家或地方环保标准

要求范围内,但露天堆场与封闭堆场在环保方面还是存在一定的差距。

2)投资

为了更加方便地对比分析各方案的优缺点,本研究仅对堆存系统进行对比,其中与翻卸工艺系统的分界点为翻堆线的进场皮带机(含进场皮带机),与装船系分界点为装船线的场端皮带机(含场端皮带机)。

露天堆场需要配套建设的装卸设备有堆料机、取料机;干煤棚内的装卸设备为堆取料机,筒仓需要配套建投卸料小车、活化给料机。根据《黄骅港煤堆场防风网工程工报告》,防风网高23米,长1 627.7米,工造价约5 330万元;根据《唐山港曹妃甸港区码头续建工程可行性研究补充报告》,要建设一座长110米,跨度100米,高40米的条形仓;黄骅港三期工程建设高43米,直径40米,仓容3万吨的筒仓工程,结合3个工程的散货场内堆存量、周转期和抑尘措施投资,分别估算单位堆存量抑尘措施直接投资费用。其中,露天堆存方式为0.91元/吨,条形仓为105.8元/吨,筒仓为1 153.6元/吨。因此,筒仓封闭堆场的堆存成本最高,露天堆场配套建设条形仓的堆存成本次之,露天堆场配套建设防风网的堆存成本最低。

3)安全

煤炭具有自燃特性,堆存时间越长,自燃特性越明显,根据煤炭所需的氧气、粒度和散热差等几个特定条件,完全封闭堆存可能会引起煤炭自燃导致筒仓爆炸的风险,相比之下,条形仓堆煤系统会安全些。

4)堆场利用率

每个筒仓的尺度确定后,容量是固定的,且只能堆存一个货种,因此适合大批量单一煤种的堆存需要,若小批量货种多时,仓容量利用率会低,而露天堆存方案则可以根据煤炭批量大小、煤种与货主的不同,按要求灵活调整堆垛在堆场中的布置。从秦皇岛港实际统计资料分析,平均堆存期通常为15~20天,部分货种的存期甚至达到几个月以上,这部分货种若用筒仓堆存,需进行大量的倒仓工作,干扰了码头、堆场、卸车系统的正常运营,为正常生产管理带来一定的难度。一方面,散货港口接卸散货一般要求按照"分货主、分货种"堆存,有些煤码头煤种多达30个以上煤种,加上货主不同,堆场分堆一般不低于100个堆垛。另一方面,目前国内散货在港平均堆存时间均比较长(一般为7~15天),遇到销售淡季,存储时间会更长,在采用筒仓封闭储存的情况下,煤炭易发生自然、堵料等,存在一定的安全隐患。此外,筒仓本身建设费用较高,大部分港口企业无法承担。在这种前提下,鉴于散货煤炭码头生产运营具有种类多、货主多、管理分散等特点,港口堆场应相应具有容量大、易分堆、适应长时间堆存的特点,因此筒仓封闭技术在公用码头应用还受到许多因素的制约。

散货堆场条形仓封闭技术的功能主要是大型的储存库房，所以必须具有一定的储存和作业空间，即结构必须能满足一定的净空要求，它的有效使用空间的截面形状是梯形，作业空间的包络线接近弧形。条形仓结构的长度、宽度和高度根据总平面布置情况、物料堆存高度和斗轮堆取料机的作业要求等综合确定。由于条形仓结构跨度较大，建设过程中需格外注意以下几方面安全问题。一是设计安全。条形仓结构采用的设计、制作、安装、验收等规程均是平板网架的规程，这与实际空间结构情况有区别。因此，建议在条形仓设计时，考虑其在风荷载作用下的动力特性（如地震作用的影响分析等）。二是施工安全。不同的条形仓结构形式有多种施工方案，每一种施工方案对结构构件和整体的制作、安装质量、施工人员的素质、施工机械、施工工期及施工成本等都有一定的要求，而这些要求就构成了条形仓结构施工可行性分析的基本要素。三是运营安全。因为缺乏相关管理经验，在实际堆存时未按设计进行堆存，造成堆煤失控，超过设计堆煤区范围，甚至堆到条形仓地面基础部位，钢制支撑结构长期受到煤堆积压，易发生变形；作业不规范也会使杆件受到铲运机械的撞击，严重时出现部分杆件断裂，从而影响结构安全。

5）环保税

《中华人民共和国环境保护税法》施行后，对散货码头粉尘无组织排放量核算比较合理的方法仍是系数法，根据堆场环保措施效率，在总量的基础上进行核减。以神华黄骅港为例，上风侧 20 米内已形成防风能力的防风带或有高于煤堆的防风墙，核减 20%；装卸煤作业有固定式或游动式除尘设施，核减 30%；建有喷水防尘装置且正常运行，核减 30%；建有封闭储煤仓的，100% 核减。对于年吞吐量 5 000 万吨以上的散货码头，封闭储存每年可节约上千万元的环保税，同时筒仓储煤可以提高港口装卸作业效率并节约人力成本。

6）实际使用经验

随着社会经济的发展和科学技术的进步，筒仓从粮食、建材、冶金、煤炭到电力等行业均有应用，并且积累了一定的使用经验。目前，筒仓存在数量少、规模小、功能单一的缺点。与港口工程相比，筒仓建设规模、功能需求、生产特点均存在较大差别，虽然使用经验上可以借鉴煤炭、电力行业的经验，但与露天堆场方案相比，仍显不足。露天堆场方案是国内外普遍采用的堆存工艺，在沿海各大散货港口已有多年的使用经验，运营、管理经验成熟。

散货封闭式储存可从根本上解决粉尘无组织排放，大大减少企业排污税，但其建设费用较高，存在一定的风险，对于货种多、周转期长的散货堆场存在一定的不适用性，实际应用较少。

7.3.2 布袋除尘和静电除尘对比分析

1）除尘效率

布袋除尘技术是传统的除尘技术，除尘效率高，应用范围较为广泛，除黏结性粉尘外，几乎可以适用各种粉尘。布袋尘器又称过滤式除尘器，它利用纤维编织而成的袋子来收集空气中的固体颗粒物，一般能保证出口处的排放浓度在50毫克/米³以下。目前，最新研制的布袋除尘器的除尘效率高达99.9%以上，基本实现了粉尘零排放。

静电除尘技术适用于电阻为104~1 011欧的粉尘，除尘效率较高，应用范围相对有限，其静电除尘器的除尘效率低于布袋除尘器，且无法应用于易爆性粉尘清理，应用范围较窄。

2）日常运行与检修

布袋除尘器结构相对简单，运行较为稳定，可通过设置检测检修平台，维护人员随时观测气流和布袋的使用情况，安全性好，日常基本无须维护。静电除尘器自动控制相对复杂，设备安全防护严格，管理要求较高，其机械传动部分多，需要专业维修人员。

3）建设投资

根据港口调研了解，一般总悬浮颗粒物（Total Suspended Particulate，TSP）排放浓度小于200毫克/米³的情况下，初次投资布袋除尘器比静电除尘器（四电场）高约10%；排放浓度都达到环保要求的50毫克/米³以下时，初次投资布袋除尘器比静电除尘器（五电场）低约10%。对于静电除尘器，由于其除尘器体积大，占用空间也相对较大。

4）运行费用

布袋除尘器主引风机电耗高，清灰系统电耗低；静电除尘器主引风机电耗低，电场吸附粉尘产生电晕电耗高。总体而言，两种除尘器电耗相差不大，一般情况下，布袋除尘器比四电场的静电除尘器电耗低，比三电场的静电除尘器电耗高。

布袋除尘器的滤袋寿命一般为3~5年，为保证除尘效率，到达使用年限的布袋需进行更换；静电除尘器需要更换电场的阴、阳极板和清灰振打系统，一般5~8年更换一次，费用较高。

两种除尘器除尘效率较高，投资、运行与维护费用相差无几，但静电除尘器占地面积大，与布袋除尘器相比，实际应用较少。对于北方冬季湿法除尘无法实施，干式除尘技术可以作为动态作业除尘的补充手段。

7.3.3   苫盖与抑尘剂对比分析

1）抑尘效率

苫盖与堆垛表面喷洒抑尘剂都是针对堆存时间较长的散货料堆，实施了苫盖或者喷洒了抑尘剂的料堆，在不出现苫盖物损坏或者堆垛表面破碎的情况下，一般气象条件都不易起尘。两种措施均是散货堆场控制静态风蚀起尘的有效手段。

2）日常实施

目前，散货堆场一般通过人工方式将苫盖物覆盖于堆垛表面，单个堆垛至少需要6人同时作业，而且效率不高，从运送苫盖物至完成单垛苫盖需1～2小时，而且苫盖和拆垛作业过程中存在塌垛风险；抑尘剂喷洒需提前与水进行合理配比，为防止抑尘剂絮凝或沉淀，混合后的试剂需尽快实施喷洒，主要依托洒水车，效率较低。

3）运行费用

通过调研了解，聚乙烯密目网用作港口散货料堆苫盖物抑制粉尘污染，往往为一次性，其强度较低、重量轻、易兜风，在海风环境下，其使用寿命低，再加上夏季温度高，更加快了苫盖物的老化速度，散货码头企业每年需花费上百万元购置苫盖网。抑尘剂最早依靠进口，成本较高，目前随着国内抑尘剂生产厂家的出现，成本也相应降低。例如，日照港使用的抑尘剂为山东潍坊生产，价格几十元一桶，与水1：400进行配比。

两种措施都是散货堆场控制静态风蚀起尘的有效手段，一些地区将堆垛苫盖作为强制措施，随着近几年抑尘剂成本的降低，散货堆场应用逐渐增多，《国家先进污染防治技术目录（大气防治领域）》（征求意见稿）也将抑尘剂列为煤炭堆场扬尘污染治理的示范技术。

7.3.4   干雾与高压雾化喷淋对比分析

1）抑尘效率

高压雾化喷淋与干雾除尘的区别主要在于捕捉的粉尘粒径不同；系统组成方面，高压雾化喷淋没有空气压缩设备。干雾除尘系统可产生成千上万个直径为1～10微米的水雾颗粒，在捕捉5微米以下的可吸入浮尘方面具有其他抑尘设备无法比拟的优点，被应用于翻车机房、转接塔落料口、卸船机落料斗等环节；高压雾化喷淋对于捕捉10微米以上的粉尘效果较好，其雾化效果主要取决于喷嘴的选型，雾滴粒径越小，雾滴数目越多，与粉尘接触机会就越多，进而捕尘效果也较好，其主要用于堆取料机头喷淋除尘。

2）建设费用

高压雾化喷淋建设费用较低，企业一般会根据密闭作业点起尘情况设置管路和喷嘴位置，结合增压泵、储水箱、电磁阀以及控制元件便可实施喷淋。与高压雾化喷淋系统不同，干雾除尘系统初期建设费用较高，其喷雾器构造较复杂，由喷头，喷头固定座，万向节接头，防护钢管，水、气连接管和电加热伴热带等部件组成，由于水质要求很高，前端需设置多级过滤系统。

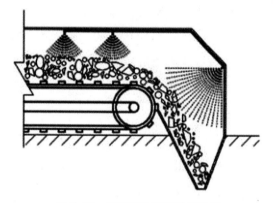

图 7-37 高压雾化喷嘴设置示意

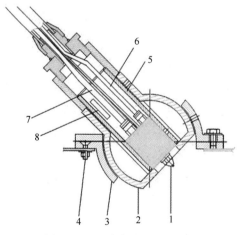

图 7-38 干雾喷雾器组成部分

1. 喷头；2. 万向节接头；3. 固定座；4. 固定螺钉；
5. 防护钢套；6. 水管；7. 气管；8. 电加热伴热带

3）运行维护

高压雾化喷淋与干雾除尘系统被广泛应用于散货码头翻车机房、转接塔落料口等封闭或者半封闭环节，其主要控制的系统、加压泵等都设置在独立的空间，系统运行均为自动控制。日常维护工作主要是更换喷嘴和管路维修。

两种湿法喷淋技术喷洒水滴颗粒粒径不同，补集粉尘粒径也不同，干雾除尘主要针对相对密闭的设施内动态作业起尘，如翻车基坑、转接塔落料口、卸船机落料斗；高压雾化喷淋抗风干扰能力相对较强，主要应用于堆取料机头。两种湿法喷淋措施是目前散货堆场动态作业的主要抑尘手段。

7.3.5 抓斗卸船机与链斗式卸船机对比分析

1）环保

从链斗式卸船机的工作原理可知，其可大量减少卸船作业粉尘污染，某些干燥货种卸船仅在船舱内产生少量扬尘；桥式抓斗卸船机的工作原理（专业化码头）是卸船机小车上的抓斗从船舱抓取物料后，由小车打开抓斗后卸至安装在卸船机门架上的料斗，再经料斗处的分叉漏斗，卸至码头上的带式输送机。物料在抓斗打开、转卸至料斗过程中以及由料斗分叉漏斗下落到码头带式输送机时产生大量的粉尘。此外，在抓斗运转过程中，物料还会洒漏至港池海域或码头面。因此，与桥式抓斗卸船机相比，粉尘污染小是链斗式卸船机最大的优点。

2）节能

桥式抓斗卸船机与链斗式卸船机相比，在物料提升阶段做功存在较大区别。链斗式卸船机连续工作，作业过程中物料及机身的运动构件不存在加速和减速，且物料垂直提升阶段主要是物料在做功，其提升机构中前后两侧的链斗质量是平衡的。而桥式抓斗卸船机是周期性作业，抓斗和运行小车都存在加速和减速，质量占比较大的空抓斗在每个作业周期中都做功，消耗较多电能。因此，两种机型在总装机容量及单位能耗方面存在较大差异。

根据目前已使用的两种机型装机容量及单位能耗的统计数据，在相同装卸效率下，桥式抓斗卸船机的总装机容量约为链斗式卸船机总装机容量的 1.5~2 倍，且机型越大，此特征越明显，单位能耗高约 20%。

上海振华重工近年内生产的桥式抓斗卸船机和链斗式卸船机装机容量及单位能耗指标对比见表 7-1。

表 7-1　上海振华重工桥式抓斗卸船机和链斗式卸船机技术指标对比

技术指标	3 500 吨/时桥式抓斗卸船机	3 500 吨/时链斗式卸船机	1 800 吨/时桥式抓斗卸船机	1 800 吨/时链斗式卸船机
接卸物料	矿石	矿石	煤炭	煤炭
装机容量（千伏安）	6 000	2 700	2 500	1 900
理论单位能耗（接卸 1 吨物料）（千瓦·时）	0.40	0.32	0.38	0.31

唐山曹妃甸港二期矿石码头也分别配备了桥式抓斗卸船机和链斗式卸船机，其装机容量及单位能耗指标对比见表 7-2。

表 7-2　曹妃甸港二期矿石码头桥式抓斗卸船机和链斗式卸船机技术指标对比

技术指标	3 200 吨/时桥式抓斗卸船机	3 800 吨/时链斗式卸船机
接卸物料	矿石	矿石
装机容量（千伏安）	4 100	2 141.5
理论单位能耗（接卸 1 吨物料）（千瓦·时）	0.38~0.42	0.31~0.33

3）建设投资

链斗式卸船机尾部配置了配重结构，以保持整机作业过程中的稳定性。由于配重的作用，在各种工况下，卸船机整机的重心变化（与桥式抓斗卸船机相比）相对较小，由此带来的好处就是其工作腿压也较小（卸船效率越大，这个特征也越明显）。根据已有机型的统计数据，链斗式卸船机的工作腿压比同规格的桥式抓斗卸船机工作腿压低 10%~20%。卸船机工作腿压减小使码头建造更经济，由此可以直接降低码头的建设成本，如可减少码头建设中的材料、能源和人工消耗。

4）运行维护

与桥式抓斗式卸船机方式相比，链斗式卸船机在运行维护方面存在以下缺点：一是通用散货码头，货种较为复杂，品质参差不齐，链斗卸船时如遇湿度较大的货种，容易产生堵料，降低卸船效率；二是链斗式卸船机对波浪力比较敏感，其刚性链斗仅能承受不超过 600 毫米的由波浪力引起的仓底高差；三是维护费用较高，根据曹妃甸港二期矿石码头 5 年的链斗式卸船机运行维护经验，每接卸 800 万~1 000 万吨矿石，需要更换 1 次链条，约需 100 万元。

与传统抓斗卸船方式相比，链斗式卸船机具有粉尘污染小、能耗低、可降低码头建设成本等优点，其缺点是货种的选择性较强、维护费用相对较高。

7.3.6　码头前沿皮带机围挡与封闭对比分析

1）环保

现阶段，散货码头企业一般采取码头皮带机两侧设置挡风板来抑制粉尘污染，虽取得一定的效果，但不甚理想。对于采用固定式抓斗卸船方式的散货码头，也有采用防尘罩对码头皮带机实施封闭，使码头散货皮带机输运环节粉尘污染得到根本控制。

2）运行

从技术角度而言，对于固定式抓斗卸船工艺的散货码头，其码头前沿皮带机全封闭不难实现；而对于移动式抓斗卸船工艺，为保障卸船机行走要求，前沿皮带机全封闭较难实现，主要原因是设计之初未考虑封闭工艺，现行卸船机结构无法满足措施随大机移动实施封闭的要求。一些电厂配套的小型煤炭码头在设计初期考虑了皮带封闭要求，卸船机制造厂家对其结构进行了相应改造，采用装船机随行履带实现了码头前沿皮带机全封闭。

3）风险

码头前沿皮带机全封闭措施，其环保效果显而易见，但也存在一定的安全隐患。当码头皮带机卸料压力承载过大时，皮带与托轴摩擦致使皮带起火，该段皮带机采用防尘罩实施了全封闭，高速运行的皮带带动空气在防尘罩内形成了负压效应，导致整段皮带急速燃烧，造成了较大的经济损失。

码头前沿皮带机全封闭可从根本上减少散货皮带机输运粉尘污染，目前仅有少数电厂配套煤炭码头采用大机同步行走皮带对码头前沿皮带机实施全封闭，大型散货码头尚未有移动式卸船皮带机全封闭应用实例，其改造技术难度主要在于卸船机结构无法满足皮带封闭要求。

7.3.7　传统皮带机与管带机对比分析

1）环保

现阶段散货码头企业皮带机一般采用防尘罩全封闭措施抑制皮带机输运环节粉尘污染。近几年，对于长距离皮带机运输，一些港口采用管带机技术，该技术通过设置上下两套呈正切六边形布置的托轴组，皮带通过托轴组时自动卷曲成封闭筒状，使散货一直处于密闭转运状态，其优势在于高效环保，无须配套转接塔就能形成大弧度的转弯。

2）投资建设

相对于传统皮带机工艺，无论输运距离长短，如遇到转弯变向情况，需配套建设转接塔；对于散货管带机长距离输运，无须配套转接塔就能形成大弧度的转向，但需增加钢构件、托轴等构件。调研了解到，相同输运工况情况下，管带机建设投资略低于传统皮带机。

3）运行维护

传统皮带机加装防尘罩工艺，如需对皮带机进行维修，需将防尘罩拆下，对损坏的防尘罩进行更换即可。管带机由于托轴存在缝隙，可能引发卡带事故。

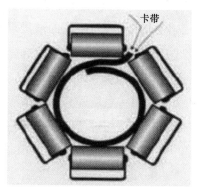

图 7-39　管带机卡带

以上两种方式均是皮带机全密闭措施，管带机技术在皮带机长距离运输工艺应用较广，维护方面，传统皮带机加防尘罩方式操作相对简便。

7.3.8　路面洒水与洗轮机对比分析

1）环保

散货码头作业区较多采用洒水车路面定时洒水来减少道路二次扬尘，此方法运行简便，机动性强；对于车辆通行量加大的路段，部分散货码头通过建设不同长度的洗轮机设施，对进出车辆的车轮、车身进行冲洗，减少了车辆携带的泥土、矿渣，很大程度上也缓解了道路扬尘污染。

就效果而言，洒水车由于其机动性强的特点，可对多路段实施喷洒，其有效性取决于喷洒强度、气象条件及车流量；洗轮机仅对某路段道路起尘起到一定的作用，而且车辆本身运行及发动机散发的热量会加速水分蒸发，有效性逐步降低。

2）投资建设

路面洒水仅需购置洒水车，洗轮机系统一般包括冲洗区、沥水区、清水蓄水池、一级沉淀池、二级沉淀池、电气控制系统、高压冲洗水泵、污水泵及其管路喷嘴，其建设费用主要取决于冲洗区长度与承载基础。

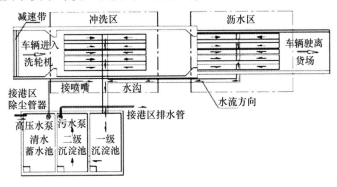

图 7-40 洗轮机平面布置

（3）运行维护

洒水车维护主要为车辆、增压泵维修；洗轮机除定期对管路、喷嘴、水泵及电气控制系统进行维护外，还需定期对清洗污泥进行清理。

以上均为散货码头道路抑尘的主要方式，洒水车路面洒水机动性较强，配合重要路段洗轮机建设，可进一步减少道路二次扬尘污染。

7.3.9 抑尘技术的适用性

由于我国南北方气候存在较大差异，但除尘技术的应用在地域上差异并不大，主要区别在于北方冬季严寒，导致湿法喷淋除尘设施无法使用。调研了解到，虽然一些散货码头增加了洒水电伴热与泄空系统，但实际应用效果并不理想。通过上述措施对比分析，结合散货码头工艺特点、南北方气候差异等，对不同抑尘技术的适用性进行归纳，详见表 7-3。

表 7-3 干散货码头扬尘污染控制技术适用性分析

抑尘措施	适用环节	抑尘效率	优缺点	适用地域
防风抑尘网	大型散货堆场	30%~70%	优点：无须维护，掩护范围内防风抑尘效果好 缺点：投资较大，大风速堆场抑尘效果较差	南北方
筒仓	大型散货堆场	80%~95%	优点：抑尘效果好，从根本上解决堆场无组织排放 缺点：投资大，无法分货种（货主）堆存	南北方，推荐北方 理由：解决冬季洒水无法使用问题

抑尘措施	适用环节	抑尘效率	优缺点	适用地域
条形仓	大型散货堆场	80%~95%	优点：抑尘效果好，从根本上解决堆场无组织排放 缺点：投资大，堆场利用率降低约40%	南北方，推荐北方 理由：解决冬季洒水无法使用问题
球形仓	小型散货堆场	80%~95%	优点：抑尘效果好，从根本上解决堆场无组织排放 缺点：堆场容量较小	南北方，推荐北方 理由：解决冬季洒水无法使用问题
苫盖	散货堆场	70%~95%	优点：抑尘效果好，从根本上解决堆场无组织排放 缺点：人工覆盖存在塌垛等安全隐患	南北方
抑尘剂	散货堆场	70%~95%	优点：抑尘效果好，从根本上解决堆场无组织排放 缺点：成本高，喷洒作业效率低	南北方
防风林带	散货堆场	—	优点：加强防风抑尘效果，美化环境 缺点：成活率较低	南北方
洒水喷淋	散货堆场	50%~90%	优点：抑尘效果较好，操作简便 缺点：受地域、货种影响，维护费用较高	南北方
射雾器	抓斗卸船、汽运装车、卸车及日常增湿降尘等	—	优点：局部露天作业抑尘效果好 缺点：受风影响较大	南北方
高压雾化喷淋	堆、取料机作业，翻车机房，皮带机机头等	—	优点：露天单点作业抑尘效果好 缺点：受风影响较大（皮带机机头不受影响）	南北方，但北方冬季无法使用
干雾除尘	翻车机房、转接塔、卸船机料斗等半封闭设施内	90%以上（微米级尘）	优点：封闭或半封闭设施内抑尘效果好 缺点：水质要求较高	南北方，但北方冬季无法使用
布袋除尘	翻车机房、转接塔等封闭设施内	约95%	优点：封闭或半封闭设施内除尘效果好 缺点：维护费用较高	南北方，但北方冬季被湿法除尘替代
静电除尘	翻车机房、转接塔等封闭设施内	约95%	优点：封闭或半封闭设施内除尘效果好 缺点：维护费用较高	南北方，但北方冬季被湿法除尘替代

抑尘措施	适用环节	抑尘效率	优缺点	适用地域
洗轮机	汽运主干路	—	优点：道路二次扬尘抑制效果好 缺点：清洗淤泥需另行处置	南北方，但北方冬季无法使用
路面洒水	场内道路、单垛洒水	—	优点：机动性强，道路二次扬尘抑制效果好 缺点：易路面造成路面泥泞	南北方，但北方冬季无法使用
防尘罩	皮带机	90%以上	优点：皮带机输运过程抑制效果好 缺点：给皮带机维护、维修工作造成不便	南北方
装船溜筒	装船	—	优点：降低作业高度，减小装船起尘 缺点：成本较高，维修难度大	南北方

7.4 小结

除建设较早的沿海老码头与部分内河小码头外，近年来，散货码头工艺水平不断提升，沿海大型散货码头都采用五大机作业方式，其工艺环节也较容易配套相应环保设施、设备来控制粉尘污染。对于其他工艺水平较低的散货码头来说，粉尘污染主要源于其作业方式。

散货码头起尘环节多，从起尘方式来看，主要为动态起尘和静态起尘。对于动态作业起尘，散货码头企业都采取单一或者多种方式综合运用来抑制粉尘产生，并取得了较好的效果；对于散货堆场静态起尘，长期以来一直是散货码头粉尘污染控制的难点。从工艺模式的应用上，相对于露天堆存方式，封闭堆存在环保方面具有较大的优势，但由于建设费用很高，货种堆存要求单一及存在安全隐患等因素，应用实例较少。

目前，散货码头粉尘污染控制技术仍以湿法除尘为主，短时期内其他除尘方式很难将其取代，对于北方散货港口，冬季湿法除尘无法使用，应进一步推进电伴热替代措施，如堆场苫盖、堆垛表面喷洒抑尘剂，下一阶段湿法除尘应向更加智能化、集约化方向发展，在提高粉尘治理效率的同时，进一步提高水资源的综合利用效率。除此之外，加强散货码头环境管理，也是降低散货码头粉尘污染的重要手段，如降低车速、加强路面清理、限制落料高度等，只有多举并施，才能从根本上缓解散货港口粉尘污染造成的环境污染。

8 粉尘污染配套控制评价指标体系的构建

干散货港口发展带来大气污染问题，如何体现国家发展政策，建设环境友好型港口，从而既能最大限度地发挥港口促进经济发展的作用，又能将干散货港口对环境的压力降到最低限度，构建科学合理、适用性强的粉尘污染配套控制技术指标体系是十分必要的。本章主要目的是构建一套科学的粉尘污染配套控制技术指标体系，以推动干散货港口向绿色化方向发展，进而解决干散货港口经济发展与环境保护之间的重重矛盾。因此本章的研究意义体现在以下几点。

（1）研究建立粉尘污染配套控制技术指标体系，可以帮助识别干散货港口的"污染""发展"因素，找出薄弱环节，进而为干散货港口可持续发展提供理论支持和实践指导。

（2）有助于改善干散货港口环境，增强港口可持续发展能力，提高港口竞争力，更好地服务于区域经济发展。

（3）有助于港口管理部门加大对港口环境监管的力度，使港口监管部门有章可循，有据可依，实现科学管理，最终做到在港口发展中保护环境，在环境保护中发展港口。

8.1 粉尘污染配套控制指标体系的构建原则

粉尘污染配套控制指标体系由一组相互联系、相互影响、相互制约的指标组成，这些指标构成一个科学的完整统一体。虽然在构建粉尘污染配套控制指标体系时，选择指标的方案会有多种，而且评价指标多样选择可以在一定程度上使评价的准确性提高，但是如果选择的指标过多，关键因素的作用反而会受到削减。因此，在进行粉尘污染配套控制指标的遴选过程中，必须抓住主要和本质上的特征。在选取评价指标时应遵循以下原则。

1）促进发展原则

21 世纪前 20 年，我国交通运输业仍处于大建设、大发展时期，水路交通面临难得的发展机遇，建设任务、生产任务繁重，本身又具有资源节约、环境友好的比较优势，走资源节约型、环境友好型发展道路的根本目的是促进水路交通更好、更快地可持续发展。因此，评价指标的选取及其目标值的确定，应优先坚持促进发展的原则，树立在发展中节约和保护环境的理念，而不能一味地强调资源节约、环境友好而阻碍发展。

2）可持续发展原则

选择评价指标时应考虑可持续发展原则，列入影响可持续性的因素。干散货港口粉尘污染配套控制的评价实质上就是港口经济与环境资源可持续发展的评价，评价必须坚持可持续发展原则。

3）科学性原则

建立指标体系时，所选的任何指标都要符合科学性的要求，所以指标必须有规范的测定方法和准确的统计方式。在粉尘污染配套控制指标体系构建方面，科学性应该体现在能全面客观地反映港口经济、科技、环境等因素的变化发展特征。评价指标之间要避免重叠，并有效地联系起来，形成清晰的层次。

4）开放性原则

粉尘污染配套控制指标体系是根据使用者的需要设计的，因此应该力争结构清晰易懂，确保得到各种不同价值观的认可。

5）可操作性原则

在遴选指标过程中，对于可操作性原则的实现有以下两个方面：一是选择指标时要有合适的数量，如果指标过多将会消耗大量的人力和物力，技术要求也会相应提高，所以既要保证指标客观全面，又要在此基础上尽量使指标体系简化；二是在遴选指标的过程中应尽量使用已有的统计资料，指标要易于测量，否则不可量化。

6）与时俱进原则

指标体系是一个动态的概念，它应该随着社会和技术水平的发展而发生变化，因此评价应该与时俱进，对技术和社会的发展应当作出及时反应。如果港口的技术水平和生态要求提高时，应当相应地调整评价指标体系，使其与时代发展相适应。

7）静态与动态相结合的设计原则

评价指标不是一成不变的，而是一个持续变化的动态过程，所以在遴选指标构成指标体系过程中，不但要选取静态指标以反映发展现状，而且要选取动态指标以反映其发展趋势，做到动静结合，使港口经济和环境发展的整个过程都能很好地反映出来。

8.2 粉尘污染配套控制指标体系涉及因素

8.2.1 干散货港口粉尘主要来源

干散货港口大气污染主要来自以下几个方面：船舶和港口一些流动机械动力装置的燃煤和燃料油燃烧而产生的烟气；动力装置所排出的含有大量碳、硫、氮、烃类等氧化物的烟气会污染大气；散货（如煤、矿石等）装卸和运输过程产生的粉尘微粒悬浮于大气中；各种车辆行驶扬起的灰尘以及锅炉烟筒飘散的粉尘等。干散货港口主要大气污染物排放清单如表 8-1 所示。

表 8-1 港口大气污染物排放清单

项目		大气污染源	主要污染物
施工期		沙石料堆存、装卸和搅拌，车辆装卸起尘，道路扬尘、场地扬尘，水泥拆包等扬尘，车辆排放	粉尘
营运期	交通运输	运输船舶排放，装卸机械及车辆排放，疏港车辆排放	二氧化硫、氮氧化合物、碳氢化合物、一氧化碳、PM_{10}、烃类、烟尘
	散货码头	港区煤炭、矿石的运输，堆存和装卸，道路扬尘	TSP、降尘、PM_{10}、$PM_{2.5}$

8.2.2 环境建设与管理

环境建设与环境管理是保证干散货港口长久发展的必要手段。环境建设与环境管理包括对环境保护的投资、应急设备的建设、环境管理信息平台的建设、环保的人员投入、环境管理制度的完善等。

8.2.3 港口自身的软/硬件条件

港口自身的软/硬件条件包括港口的基础设施水平、港口自身管理水平、港口技术水平等。干散货港口自身的软/硬件条件也会对粉尘污染控制产生重要的影响，其自身的软/硬件条件和采用的污染控制工艺综合在一起考虑，共同构成了港口的内部影响因素，在某种程度上决定了干散货港口粉尘污染控制的潜力。

技术进步不仅满足了大规模利用港口环境资源的需求，而且使开发替代资源、节约使用港口资源和降低生产活动的污染排放等成为可能，从而缓解了港口环境资源供需之间的矛盾。技术进步对干散货港口粉尘污染控制水平提高的作用表现在多个方面：新技术、新设备的开发和使用提升了干散货作业水平，减少了粉尘产生量；技术进步提高了货物运输过程中污染控制水平，因而减少了粉尘排放，污染防治技术也减小了粉尘扩散的范围。

8.2.4 港口周边的交通条件

港口周边的硬件条件主要指通向港口的公路、铁路等交通条件。港口本身的建设就是对当地交通条件的一种改善。港口周边的交通条件是否便捷，从港口运输的货物是否可以很快地送至目的地，在某种程度上决定了其运营利润。港口是一个不能脱离社会经济而存在的个体，所以在考虑粉尘污染控制时，其周边的交通条件也是一个十分重要的因素。

8.2.5 政策支持力度

港口是不能脱离社会经济而独立存在的。它的可持续发展状况同当地的经济发展情况、国家和地方的政策支持等有着密切的联系。政策的支持无疑是干散货港口粉尘污染控制中一个十分重要的影响因素，政策支持力度大，有助于干散货港口的粉尘污染防治和经济发展。

8.3 指标体系构建思路与技术路线

8.3.1 构建思路

为构建一套科学合理的干散货港口粉尘污染控制指标体系，应从理论研究、资料分析、现场调研、方法分析、指标选择五个方面来论述干散货港口粉尘污染控制指标体系构建方法和具体指标的选择。

1）理论研究

主要分析干散货港口粉尘污染控制的内涵与目的、国内外关于干散货港口粉尘污染控制的现状与面临的基本问题。

2）资料分析

重点针对国内外现有的干散货港口粉尘污染控制技术进行资料收集工作，分析干散货港口粉尘污染控制的研究成果与主要发展趋势、干散货港口粉尘污染控制的特点与发展需求，为指标体系的建立提供理论依据。

3）现场调研

结合干散货港口的实际特点与国家粉尘污染防治的要求，开展现场调研工作，掌握我国干散货港口发展的现状水平。

4）干散货港口粉尘污染控制指标体系构建方法分析

总结现有指标体系构建方法与模型结构特点，分析不同方法的优缺点和适用对象，得出适用于干散货港口粉尘污染控制指标体系的构建方法。

5）指标选择

影响干散货港口粉尘污染控制的因素众多且复杂。通过对比研究的方式来确定评价指标，具体做法：一是选取国际和国内成熟的粉尘污染防治指标和现行比较成功的港口标准、法规、指南等，通过对比提取它们共性的指标，根据干散货港口的战略定位，建立指标体系框架；二是以现有的《绿色港口等级评价标准》（JTS/T 105-4—2013）等国家有关指标体系为指导依据，结合干散货港口作业特征，通过频度统计、理论分析和专家咨询等方法进行指标筛选，构建干散货港口粉尘污染控制指标体系。

8.3.2 技术路线

干散货港口粉尘污染控制指标体系构建技术路线如图8-1所示。

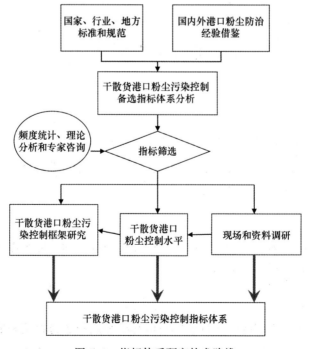

图8-1 指标体系研究技术路线

8.4 干散货港口粉尘污染控制指标体系的建立

8.4.1 指标体系框架构建

目前,指标体系的框架模型多是在建立可持续发展指标体系的基础上发展起来的,而后又广泛应用于生态城市、城市可持续发展、城市生态环境可持续发展、生态环境影响评价、综合承载力评估等相关研究中。指标体系的概念框架按照构建思路的不同主要可归纳为以下三种不同的模型。

1) 面向要素的经济-社会-环境 (Economy Society Environment,ESE) 模型

这种模式侧重于对区域可持续发展的现状进行评价,其基础建立在把城市生态系统理解为一种复合生态系统的理论,从社会、经济和环境三个子系统的角度分别进行衡量,从而对复合生态系统的综合发展现状水平进行评价。在此基础上,发展出来的"经济-社会-环境-资源""经济-社会-环境-资源-管理"模式也同样如此。这类模型不是基于一个连续的概念框架建立起来的,而是汇集了一系列反映不同领域的主题指标,而且这些指标之间一般并不互相联系,因此,所构建的指标体系较为庞大。目前,该框架成为多数国家大区域承载能力评估指标体系的构建框架,有利于对不同要素的可持续性发展及承载限度分别进行评价。

2) 面向能力的结构-功能-协调度 (Structure Function Coordination,SFC) 模型

这一模型的出发点在于将评价对象看作一个整体,认为一个符合生态规律的海岸带区域应该是结构合理、功能高效和关系协调的生态系统,基于生态系统的特征,对其结构、功能及二者间相互协调的程度进行分析和评价,从而对区域的综合承载力作出判断。该模型多用于小尺度区域自然生态系统评价指标的构建,近年来也用于生态系统生态健康、生态风险评价指标的构建。

3) 面向过程的压力-状态-响应 (Pressure-State-Response,PSR) 等关系模型

该模型以可持续发展过程为研究对象,从人类与环境系统相互作用、相互影响这一角度出发,对环境指标进行分类与组织。由于其强调对问题发生的原因—结果—对策的逻辑关系的分析,在对可持续发展的脉络、转变演化过程进行复合评价时具有较好的效果,是一种面向过程的体系构建模式。

PSR 模型类型的指标体系遵循可持续发展的整体思想，使用了原因—效应—响应这一思维逻辑来构造指标，将可持续发展所涉及的方面分别划分为不同的主题，按照压力、状态和响应三个方面分别设置指标。其中，压力指标用来表明那些造成发展不可持续的人类的活动和消费模式或经济系统的一些因素（如颗粒物的产生量、港口货物吞吐量等），状态指标用来反映可持续发展过程中各系统的状态（分为资源状态指标、环境质量指标和社会状态指标，如大气总悬浮颗粒物年日平均值等），响应指标用来表明人类为促进可持续发展进程所采取的对策（如粉尘污染控制水平、洒水率等）。

该指标体系中压力、状态和响应三方面指标满足了指标体系功能中对反映环境可持续发展系统的状态、影响和发展趋势三方面的要求，因此，与其他类型的模型相比，该模型指标体系更具有全面性。

20 世纪 70 年代，加拿大政府首先使用 PSR 模型建立经济预算与环境问题的指标体系，其所具有指标体系建立全面、内在关系明晰的特点得到了一致认可。1990年经济合作与发展组织（Organization for Economic Co-operation and Development，OECD）启动了一个专门开展环境指标的研究计划，将这一方法应用于环境指标研究并获得了广泛支持。其后，世界银行（The World Bank）、美国环境保护局（Environmental Protection Agency，EPA）、新泽西环境保护处（New Jersey Department of Environmental Protection，NJDEP）、瑞典环境部（Sweden Ministry of Environment，SME）等组织和机构都以 PSR 模型为基础，根据研究对象的特点提出了适用的评价指标体系。PSR 模型在社会、经济、环境、农业、水利等领域的环境影响评价和决策过程中得到了广泛应用。

PSR 模型的优势在于突出了环境受到的压力和环境退化之间的因果关系，因此广泛应用于指标体系框架建设中。但此模型在建立社会和经济指标方面存在缺陷，因其在"压力指标"和"状态指标"之间没有逻辑上的必然联系，这是 PSR 模型应用于可持续发展评价中的缺陷。而在应用于指标体系建设时，因评价内容有所偏重，社会和经济指标未必为评价重点，这恰好回避了这一缺陷，而突出了应用该模型的优势。因此，在指标体系建设中，受战略活动实施影响，部分社会、经济指标可不必按此模型选择社会、经济系统的压力、状态、响应指标。

综上分析，PSR 模型建立的指标体系涵盖社会、经济、环境三个系统的内容，指标间逻辑性强，充分体现了环境在可持续发展进程中的重要作用，特别突出了环境受到威胁与环境破坏和退化之间的因果关系，更好地反映了经济、环境、资源之间相互依存、相互制约的关系。本研究选取 PSR 模型作为干散货港口粉尘污染控制指标体系的框架构建方法，同时结合干散货港口实际特点对 PSR 模型中的框架进行调整，整体指标体系框架设置三个层面，分别为"项目""内容"及"指标"。在项目层中将原有"压力—状态—响应"调整为"理念—行动—管理"。"理念"是指导港口粉尘污染防治的思想；"行动"是为干散货港口粉尘污染防治采取的具体技术措施；"管理"是为干散货港口粉尘污染防治采取的管理措施。

8.4.2 评价指标的遴选步骤

在遵循上述基本原则和框架的基础上，常按照以下步骤确定各评价指标。

1）指标初选

在初步筛选指标时，常用的方法有两种，即频度分析法和理论分析法。频度分析法主要是通过查阅相关领域的学术报告、统计年鉴等，筛选出使用频率比较高的指标；理论分析法主要是从港口低碳绿色发展的基本内涵等角度出发，筛选出一些具有代表性、能反映港口低碳绿色发展实际的定量或定性指标。在初步筛选时，不论采用哪种方法，都要求筛选出的指标意义明确、普遍适用。

2）征询与遴选

本阶段主要是对筛选出的指标进行进一步的遴选，常用的方法是专家咨询法。将遴选出的指标提交给该领域的专家，征询他们的意见，对他们的意见进行汇总分析，剔除掉一些重复或者相关性较大的指标，并将结果再次反馈给这些专家，如此反复，筛选出比较符合实际且有科学依据的指标。

3）指标确定

结合所研究对象的具体情况和专家们给出的意见，进一步对筛选出的指标做主成分分析或独立性分析，最终确定指标。

8.4.3 评价指标的筛选方法

目前，指标筛选的方法主要有层次分析法（Analytic Hierarchy Process，AHP）和德尔菲（Delphi）法。

1）层次分析法

层次分析法是美国运筹学家 Saaty 教授提出的，其是对定性问题进行定量分析的一种简便、灵活而又实用的多准则决策方法。它的特点是把复杂问题中的各种因素通过划分为相互联系的有序层次，使之条理化，根据对一定客观现实的主观判断结构（主要是两两比较），把专家意见和分析者的客观判断结果直接而有效地结合起来，将一层次元素两两比较的重要性进行定量描述。然后，利用数学方法计算反映每一层次元素的相对重要性次序的权值，通过所有层次之间的总排序，计算所有元素的相对权重并进行排序。该方法被介绍到我国以来，以其定性与定量相结合处理各种决策因素的特点，以及其系统灵活简洁的优点，迅速在我国社会经济各个领域（如能源系统分析、城市规划、经济管理、科研评价等）内得到了广泛的重视和应用。

层次分析法的步骤如下。

（1）通过对系统的深刻认识，确定该系统的总目标，弄清规划决策所涉及的范围、所要采取的措施方案和政策等，广泛收集信息。

（2）建立一个多层次的递阶结构，按目标的不同、实现功能的差异，将系统分为几个等级层次。

（3）确定以上递阶结构中相邻层次元素间的相关程度。通过构造两两比较判断矩阵及矩阵运算的数学方法，确定对于上一层次的某个元素而言，本层次中与其相关元素的重要性排序。

（4）计算各层元素对系统目标的合成权重，进行总排序，以确定递阶结构图中最底层各个元素在总目标中的重要程度。

（5）根据分析计算结果考虑相应的决策。应用层次分析法时，如果所选的要素不合理，其含义混淆不清，或要素间的关系不正确，都会降低层次分析法的结果质量，甚至导致层次分析法决策失败。为保证递阶层次结构的合理性，需把握以下原则：分解简化问题时把握主要因素，不漏不多；注意相比较元素之间的强度关系，相差太悬殊的要素不能在同一层次比较。

2）德尔菲法

在运用层次分析法构造判断矩阵时，存在一个无法回避的问题，即专家填表时的随意性或其他因素的作用下，使回收的调查表中各子系统和指标项对上级系统的作用程度表示上存在偏差。由此有研究者提出运用德尔菲法以多轮匿名征询的方法构造判断矩阵，再用层次分析法进行一致性检验和计算权重值。德尔菲法是一种使用较普遍的组织专家进行定性预测的方法。这里应用其优势作为构造判断矩阵的方法。

德尔菲法是一种匿名调查征询法，其使用中要服从以下原则。

（1）匿名制。要求专家之间相互保密，避免彼此间互通信息，从而使咨询专家避免受其他专家的权威、资历等方面的影响。

（2）反馈性。在重要性判断过程中，要进行几轮（3~5轮）征询专家意见。每一轮判断的反馈信息进行比较分析，将结果反馈给专家，能起到相关启发，提高预测的准确度。这样，每一轮都呈现逐步收敛的趋势，容易集中各种正确意见。

（3）统计特性。每次信息反馈都要利用数理统计方法进行整理分析，最终判断结果，经统计分析后，形成判断矩阵。

德尔菲法的具体步骤如下。

（1）根据备选指标体系的层次结构构建指标递阶层次结构，编制调查表。调查表要对调查的目的、任务进行简要说明，详细阐述判断方法、要求及单位标度含义，并就部分指标进行必要的说明。

（2）聘请相关领域专家，专家人数根据具体情况确定，一般聘请 10 名以上专家，向专家提交调查表。

（3）专家根据自己的意见进行判断。

（4）评价人员对专家意见汇总、整理，并进行判断结果的统计分析，以判断专家意见的一致程度。如不符合评价工作要求，则将统计分析结果以匿名的形式反馈给每位专家，请专家进行下一轮判断。

（5）反复几轮，直至各种不同意见的差距逐步缩小，得到基本趋于一致的判断结果，形成判断矩阵。

综上分析，本研究结合我国干散货港口的实际特点，采用专家咨询结合现有的绿色港口相关评价标准，制定粉尘污染控制的评价指标体系。

8.4.4 指标体系的建立

参考《绿色港口等级评价标准》（JTS/T 105-4—2013）等港口环境管理指标体系，确定干散货港口粉尘污染控制评价指标体系综合得分满分为 100 分。体系中的"理念""行动"和"管理"三类项目单项满分均为 100 分（表 8-2 至表 8-4），其计入综合得分的权重应分别为 10%、60%、30%，计算公式如下：

$$E = \sum_{i=1}^{3} (P_i \times W_i)$$

式中，E 为干散货港口粉尘污染控制评价指标体系的综合得分；i 为干散货港口粉尘污染控制评价指标体系项目序数；P_i 为第 i 个项目的得分；W_i 为第 i 个项目的计分权重，全部项目的计算权重总和等于 1。

各项目得分应为该项目下设所有内容项得分之和，各内容得分应为该内容下设所有指标项得分之和。

表8-2 指标体系"理念"项目计分

项目	满分	内容	满分	指标	满分	计分方法
理念（P_1）	100	战略	60	专项规划	20	对外公开发布了粉尘污染防治专项规划，得16~20分；仅内部发布实施了粉尘污染防治专项规划，得11~15分；仅制定了粉尘污染防治专项规划，得5~10分
				专项资金	20	有固定的年度预算用于开展粉尘污染防治工作，得11~20分；仅有临时经费用于粉尘污染防治工作，得5~10分
				工作计划	20	（1）在港口发展规划中安排了粉尘污染防治任务，得5~10分； （2）在年度工作计划中安排了粉尘污染防治工作，得5~10分
		文化	40	教育培训	20	（1）对各类粉尘防治设备进行日常运行检查，得5~10分； （2）定期组织粉尘操作设施操作技能培训，得3~5分； （3）定期对粉尘污染防治设备进行维护，得3~5分
				宣传活动	20	（1）有港口大气或粉尘污染防治的宣传计划，得5~10分； （2）开展专项宣传活动，得5~10分

表8-3　指标体系"行动"项目计分

项目	满分	内容	满分	指标	满分	计分方法
行动 (P_2)	100	环保	100	粉尘 污染 控制	80	此项满分为每项得分之和，最高不超过80分，其中每项得分为单项基础分与适用性系数乘积，"适用"系数取1.0，"部分适用"每项每个大气环境质量常规监测，得5分； (1) 开展港口大气环境质量常规监测，得5分； (2) 安装粉尘污染在线监控系统，得10分； (3) 针对堆场等无组织排放源，采取洒水抑尘、干雾除尘、防风网等粉尘控制措施，得20分，若实施智能自动喷洒水系统，得10分； (4) 针对转运站等有组织排放源，采取布袋除尘、静电除尘等粉尘控制措施，得5分； (5) 采用诸如筒仓系统等减少物料泄漏和起尘的设备措施，得40分； (6) 采用抑尘剂控制堆场扬尘，得5分； (7) 采用洒水车、喷洒水管等措施对主要作业道路、辅助作业区及生活区道路进行洒水除尘，得10分； (8) 配有流动喷洒水车、喷洒设备等流动抑尘设备，得5分； (9) 对港内车辆采取限速控制，得3分； (10) 采用覆盖布、压实防风等方式对运输车辆、小型散货堆表面进行覆盖压实，得10分； (11) 建设防风林带，得10分； (12) 依据起尘风速、物料含水率、物料装卸落差、作业机械行驶速度、装卸作业点分布情况等粉尘影响因素规定作业条件，得10分
				生态 保护	20	(1) 积极参与周边大气环境保护活动； (2) 采取港口绿化措施。 满足2条，得20分；满足1条，得10分； 每采取1项其他生态保护措施，按满足1条计

表 8-4 指标体系 "管理" 项目计分

项目	满分	内容	满分	指标	满分	计分方法
管理（P_3）	100	体系	20	管理机构	20	（1）明确了港口环境保护（工作包括粉尘污染防治）职能部门，得 5~10 分； （2）明确了港口粉尘污染防治管理人员，得 5~10 分
		制度	30	目标考核	15	（1）对各级负责人进行环保达标考核，得 3~5 分； （2）对各班组进行环保达标考核，得 3~5 分； （3）对操作人员进行环保达标考核，得 3~5 分
				统计监测	15	（1）开展环境质量和污染物排放监测，得 10 分； （2）建立环境管理信息系统，得 5 分
		效果	50	环境质量	50	每项大气污染物（TSP，PM_{10}，$PM_{2.5}$，二氧化硫，氮氧化物）浓度小于国家对应标准，得 10 分；大于国家对应标准，不得分

9 实例评价

9.1 烟台港西港区煤炭矿石散货码头及堆场项目

烟台港集团有限公司现辖芝罘湾港区、西港区、龙口港区和蓬莱港区四大港区。至 2010 年年底，四大港区陆域占地面积约 57.84 平方千米，目前拥有各类泊位 88 个，其中万吨级以上深水泊位 45 个，泊位最大水深−20 米。码头岸线总长约 1.5 万米，库场总面积 381 万平方米，铁路专用线 49.5 千米，各类船舶 34 艘，港口作业机械 800 余套。

烟台港西港区煤炭矿石散货码头及堆场项目共 6 个通用泊位，码头总长 1 553 米，陆域纵深约为 700 米，主要货种为煤炭、铝矾土、化肥、石材和木材等散杂货。

堆场正常作业时，对大气环境产生影响的起尘特征分为两类：一类是堆场表面的静态起尘，其发生量与煤炭和矿石堆垛的表面含水率、地面风速等关系密切；另一类是卸船、运输等过程的动态起尘，其发生量与环境风速、装卸高度等密切相关。

堆场中堆存货种为煤炭及矿石，原采取的环保措施主要包括：工程所在区域配备了洒水车，定期对堆场及道路进行洒水降尘作业；堆场货物及出港车辆均采用苫布苫盖，减少起尘量；转运站内采用布袋除尘抑尘措施。

9.2 营口港鲅鱼圈港区 A 港池 1~8 号泊位后方散货堆场

营口港鲅鱼圈港区 A 港池 1~6 号泊位煤炭运输工艺主要包括以下内容。

（1）煤炭由产地经火车运输至港口，由抓斗机将煤炭卸至列车轨道旁的空地，最后对车厢内的剩余煤炭进行人工清理。

（2）空地上的煤炭经铲车装车后，汽运至堆场。

（3）先由铲车装车，将堆场的煤炭汽运至码头前沿，再由装船机进行装船作业，最后煤炭经水路运输出场。

（4）场地内煤炭通过场地内铲车装车后，经汽车公路运输出场。

污染作业环节主要包括以下内容。

（1）铁路沿线煤炭卸车。鲅鱼圈港区铁路沿线煤炭卸车主要有两个产尘环节：一是抓斗机将煤由火车卸至铁路沿线空地的过程中，作业落差所引起的扬尘；二是人工清理火车车厢内剩余煤炭的过程，细小的煤炭颗粒受到扰动而产生的扬尘。

（2）码头面自卸车卸煤。码头面一般处于较大范围的空旷环境，除大型装卸设备外，无其他高大地面建筑设施，因此码头面区域的风力相对较大。码头面自卸车卸煤过程中，煤炭颗粒由于风力作用及卸车落差造成的扬尘较大，形成的粉尘污染较为严重。

（3）道路煤炭运输。鲅鱼圈港区煤炭在汽运倒垛、运输等过程中都不可避免地造成煤炭的洒落，港区其他作业环节所产生的扬尘在风力的作用下也有部分输移至路面。因此，车辆在运行过程中，造成这部分煤炭颗粒再次或多次进入环境空气中形成二次扬尘。鲅鱼圈港区道路二次扬尘污染相当严重。

（4）煤炭堆场堆存。鲅鱼圈港区煤炭堆存过程中，煤堆表面细小颗粒在自然风力的作用下脱离煤堆，进入环境空气中形成严重扬尘污染。

（5）堆场煤炭装车。鲅鱼圈港区煤炭堆场铲车装车过程中，由于装车落差及风力作用原因，造成的粉尘污染较为严重。

（6）码头煤炭装船。鲅鱼圈港区码头煤炭装船所造成的粉尘污染，主要由于抓斗装船机与船舱形成的装船落差所造成的扬尘污染。

（7）其他粉尘污染环节。煤炭筛分造成的粉尘污染较为严重，目前鲅鱼圈港区煤炭筛分作业位于F区货场。

鲅鱼圈港区A港池7号、8号泊位堆场平行于码头顺直布置。前方堆场后方设置3条主干通道和12条散货堆场。堆场内拟建设5台斗轮堆料机、5台斗轮取料机、1台斗轮堆取料机，堆取料机的设计堆高为17米，堆料机大臂多采用水平作业方式，最初落差高度约8米。

作业流程：火车→翻车机房→皮带机→斗轮堆料机→堆场→斗轮取料机→皮带→转接塔→装船机→货船。

港区粉尘主要来源于煤炭在卸车、皮带机输送、装船以及煤堆场堆放等过程中的扬尘，其中，堆存环节产生的粉尘占主导地位，对环境的危害最为严重。

A港池新建煤炭堆场区域拟建设2座600立方米除尘水池及1座除尘泵房，加压后的水供给码头、堆场区域的洒水除尘、冲洗等。堆场内采用洒水除尘、消防合一的供水管网，环状布置，负责堆场区的洒水、消防。沿堆场设置高压供水干管，沿线布置洒水喷枪站，对煤堆垛进行洒水除尘作业，喷枪站由设于控制室的可编程序控制器集中控制，成组轮流喷洒，每个喷枪站可就地操作。喷枪采用电热带伴热，保证冬季正常使用。同时沿堆场高压供水干管上设置消火栓,负责堆场区的消防。

9.3 连云港新苏港矿石散货码头及堆场

连云港新苏港码头有限公司堆场包括 25 万吨级矿石接卸码头工程后方堆场和 10 万吨级通用散货泊位工程后方堆场。其中,25 万吨级矿石接卸码头工程包括 25 万吨级卸船泊位 1 座(码头水工结构按靠泊 30 万吨级船舶设计),卸船能力 1 500 万吨/年。一次堆存容量为 214 万吨的矿石堆场 1 座,铁路疏运装车线 2 条。码头岸线长 410 米,后方陆域宽 936.968 米,在陆域后方纵深 458.1 米范围内布置纵深 352.8 米堆场作业区和纵深 25.8 米的火车装车线;10 万吨级通用散货泊位工程布置 1 个 10 万吨级通用散货泊位(码头长度按同时靠泊 2 艘 1 万吨级散货船舶设计),年设计运量 800 万吨,码头长 345 米,后方堆场陆域面积 38.91 万平方米。

主要作业工艺包括矿石卸船和矿石装火(汽)车。卸船作业为卸船机的抓斗从船舱抓取的矿石经料斗转卸到码头上带式输送机,经带式输送机系统输送入斗轮堆取料机后进堆场。装火车过程堆场取料装火车流程由斗轮堆取料机取料输送至沿堆场后方横向布置的两条带式输送机,直接运往与铁路装车线平行运行的移动式装车机连续装车。装汽车过程为在堆场中直接采用装载机将矿石装入自卸汽车内,由公路运输疏港。

原环保措施主要包括以下几点。

(1)在桥式抓斗卸船机抓斗落料处设置洒水喷头,在桥式抓斗上方设挡风板,斗内安装洒水喷淋装置。

(2)皮带输送系统采用密闭形式进行防尘。在皮带机转接处设密封机房,上皮带机处设密闭头罩和溜料管,尽量降低落差;下皮带机处设密闭导料槽,在转运站设置吸尘罩和通风除尘装置或采用"无尘溜槽+湿式喷雾抑尘"系统。无尘溜槽运用"分散物料集流技术"对落料管进行 3-DEM 设计,通过物料的汇集,在一定程度上延缓物料下落的速度,通过减少物料和设备间的冲击,从源头上减少粉尘的产生。

(3)堆场采用喷淋系统除尘,对堆垛进行洒水除尘作业。沿堆场主轴方向两侧设置固定喷洒水装置,由除尘泵房高压系统供水,根据风力及天气和料堆表面含水率的情况进行自动喷水。在堆取料机斗轮上方两侧及头部导向罩下沿四周设洒水喷嘴,作业时喷水形成水幕,抑制堆取料时所产生的粉尘。堆场大于六级风的天气禁止作业,提前对堆场进行苫盖。

(4)在装车机落料口左右两侧设置皮带帘,装车时使皮带帘贴近车厢。

（5）为防止二次扬尘，在码头面、皮带机房、廊道等处采用人工冲洗，以避免扬尘。为防止作业区附近道路在风的作用下再次扬起矿石粉尘，工程配置 3 辆洒水车，定时定线进行，绿化工程总面积 8.19 万平方米。

9.4　粉尘污染防治措施实施效果

利用干散货港口粉尘污染控制指标体系，分别计算烟台港西港区煤炭矿石散货码头及堆场项目、营口港鲅鱼圈港区 A 港池 1~8 号泊位后方散货堆场、连云港新苏港矿石散货码头及堆场综合评价得分，分别为 56.5、62 和 72.5，由此可知，上述项目粉尘污染控制水平不高。对照上述 3 个项目实际所处地理位置、实际作业工艺条件、已有污染防治措施及环境管理制度，建议烟台港西港区煤炭矿石散货码头及堆场项目逐步实施长期监测点位布设、防风网工程、智能喷洒水改造、防风林建设等粉尘污染防治措施；建议营口港鲅鱼圈港区 A 港池 1~8 号泊位后方散货堆场逐步实施长期监测点位布设、防风网工程、智能喷洒水改造、转运站干雾抑尘改造、车辆冲洗台、道路洒水、道路清扫等粉尘污染防治措施；建议连云港新苏港矿石散货码头及堆场实施长期监测点位布设、防风网工程、智能喷洒水改造、车辆冲洗台、道路洒水清扫、控制汽车场内行驶速度等粉尘污染防治措施，同时逐步提高散货铁路疏港比例。以上措施基本适用于上述 3 个散货港口项目的实际作业工艺和粉尘污染防治需要，较大程度上降低了粉尘污染排放，实施后 3 个港口粉尘污染控制综合评分分别提高至 75、75.5 和 83，提升幅度明显。

9.5　经济社会效益分析

本研究成果在烟台港西港区散货堆场粉尘污染设施方案可行性研究、营口港鲅鱼圈港区 A 港池 1~8 号泊位后方散货堆场污染防治可行性研究和连云港新苏港矿石散货码头及堆场粉尘污染防治可行性研究等多个沿海干散货港口粉尘污染防治项目中得到了实施和应用，结合各个港口实际生产作业情况，降低了港口散货粉尘污染排放，改善了港区及周边环境空气质量，取得了良好的效益。

9.5.1　经济效益

干散货港口散货堆场粉尘污染控制典型措施主要是防风网工程与堆场喷洒水，整体抑尘效率与堆场规模、堆垛高度、物料种类、防风网布置方案、网板参数、喷洒水强度以及局部区域气象特征等多种因素相关。综合沿海港口典型案例中的抑尘效率数据，防风网结合喷洒水综合抑尘效率可达 67%～94%。本研究成果在烟台港、营口港和连云港新苏港散货堆场项目中应用后，综合抑尘效率分别为 71%、80% 和 87%，抑尘效果显著。

干散货港口通过建设适宜的环境保护工程，项目整体粉尘污染排放显著降低。一方面，在当前环保税和排污许可环境管理制度下，有利于港口企业顺利完成排污许可证的填报和申领工作，降低企业环保税支出；另一方面，以防风网和堆场喷洒水为代表的粉尘污染防治措施的建设，在较大程度上降低了干散货物料在运输和堆存过程中的物料损失。

依据项目设计装卸能力情况估计，烟台港西港区矿石堆场、营口港鲅鱼圈港区 A 港池 1～8 号泊位后方堆场与连云港新苏港矿石散货码头及堆场的年吞吐量约为 2 500 万吨、2 000 万吨和 1 500 万吨，原排污费约为 3 750 万元、3 000 万元和 2 250 万元（以 6 元/当量计），粉尘污染防治措施实施后，排污费降低至 1 088 万元、600 万元和 293 万元，分别节省费用约 2 663 万元、2 400 万元和 1 958 万元。若以 1.2 元/当量（最低）标准收取排污费（环保税），则保守估计年节约费用可达 533 万元、480 万元和 392 万元，经济效益显著。

同时，从降低物料损失的角度分析，经济效益同样十分显著，与未实施粉尘污染防治措施相比，上述 3 个典型干散货港口项目分别节约年物料损失费用 1 775 万元、1 000 万元和 1 305 万元。

9.5.2 社会效益

干散货港口粉尘污染防治对于港口来讲是一项环保事业，对于社会来讲是一项公益事业。

散货作业和堆存作业中污染防治措施的有效规划、落实和运行是有效降低粉尘污染排放及周边环境粉尘浓度贡献的有力保障，是实现港城融合、港口可持续发展的重要支撑，同时也是干散货港口落实国家"生态文明建设"重大战略的重要举措。

烟台港、营口港和连云港通过对干散货港口粉尘污染防治措施的部署和实施，降低了港口粉尘污染排放，同时周边环境粉尘浓度有了显著降低，浓度降低幅度达 44%～54%。

本研究构建的干散货港口粉尘污染配套控制技术评价指标体系，为我国干散货港口的粉尘污染治理和环境管理水平提高提供了技术支持。

参考文献

［1］ BAGNOLD R A.The physics of blown sand and desert dunes［M］.New York：Dover Publications，2012.

［2］ OWEN P R.Saltation of uniform grains in air［J］.Journal of Fluid Mechanics，1964，20(2)：225-242.

［3］ GILLETTE D A，BLIFFORD I H，FRYREAR D W.The influence of wind velocity on the size distributions of aerosols generated by the wind erosion of soils［J］.Journal of Geophysical Research，1974，79(27)：4068-4075.

［4］ US EPA.Update of fugitive dust factors in AP-42 section 11.2-wind erosion，MRINo.8985-k［R］.Kansas City，MO：Midwest Research Institute，1988.

［5］ SHAO Y. A model for mineral dust emission［J］.Journal of Geophysical Research Atmospheres，2001，106(D17)：20239-20254.

［6］ ALFARO S C，GOMES L.Modeling mineral aerosol production by wind erosion：Emission intensities and aerosol size distributions in source areas［J］. Journal of Geophysical Research Atmospheres，2001，106(Dl6)：18075-18084.

［7］ 吴炜平.关于我国港口煤炭矿石粉尘防治现状与技术政策［J］.交通环保，1994(Z1)：43-51.

［8］ 徐剑华，刘莉.我国铁矿石码头布局展望［J］.中国水运，2008(2)：28-29.

［9］ 白仓茂生，西岛行孝，研谷明义，等.煤炭粉尘的飞散予测和防治措施 煤粉尘扩散的模拟研究及其防治［J］.交通环保，1988(S1)：43-56.

［10］ 王宝章，齐鸣，徐铀，等.煤炭装卸、堆放起尘规律及煤尘扩散规律的研究［J］.交通环保，1986(Z1)：1-10.

［11］ 刘琴，郭如珍，吴学文，等.露天煤矿煤堆和矸石堆的起尘规律的研究［J］.交通环保，1986(Z1)：88-96.

［12］ 杨贺清，陈全友，汤忠谷，等.煤炭装卸时起尘规律的试验研究［J］.交通环保，1986(Z1)：47-52.

［13］ 张观希，杜完成，温伟英.某电厂煤码头煤尘对海洋环境影响的估算［J］.热带海洋，1995，14(4)：90-94.

［14］ WATSON J G，CHOW J C，PACE T G.Fugitive dust emissions［J］.Crops，2000，3：14796-14803.

［15］ 谢绍东，齐丽.料堆风蚀扬尘排放量的一个估算方法［J］.中国环境科学，2004，24(1)：49-52.

［16］ XUAN J.Turbulence factors for threshold velocity and emission rate of atmospheric mineral dust［J］.Atmospheric Environment，2004，38(12)：1777-1783.

［17］ BADR T，HARION J L.Numerical modelling of flow over stockpiles：Implications on dust emissions［J］.Atmospheric Environment，2005，39(30)：5576-5584.

[18] BADR T,HARION J L.Effect of aggregate storage piles configuration on dust emissions[J].Atmospheric Environment,2007,41(2):360-368.

[19] TORAFIO J A,RODRIGUEZ R,DIEGO I,et al.Influence ofthe pile shape on wind erosion CFD emission simulation[J].Applied Mathematical Modelling,2007,31(11):2487-2502.

[20] 丛晓春,詹水芬,张光玉.煤尘表面摩擦风速的计算方法[J].煤炭学报,2008(3):314-317.

[21] DIEGO I,PELEGRY A,TOMO S,et al.Simultaneous CFD evaluation of wind flow and dust emission in open storage piles[J].Applied Mathematical Modelling,2009,33(7):3197-3207.

[22] 刘海玉,冯杰.煤场二次扬尘的计算方法及其应用[J].山东环境,1998(3):12-13.

[23] 王宝章,齐鸣,徐铀,等.煤炭装卸堆放起尘规律及煤尘扩散规律的研究[J].武汉水运工程学院学报,1985(4):45-54.

[24] 徐鹏炜,徐乔根,蔡菊珍.杭州城市可吸入颗粒物污染与气象条件关系的分级评价和 BP 神经网络评估[J].环境污染与防治,2009,31(6):92-95.

[25] BERKOFSKY L.A generalized form for vertically interated numerical forecasting models[J].Jouranl of Geophysical Research,1963,68(14):4187-4194.

[26] 李满,徐海宏,舒新前.化学抑尘剂在抑制煤尘中的应用探讨[J].中国煤炭,2007,33(8):46-48.

[27] 王婷,杜翠凤.尾矿库粘结型防尘抑制剂的性能实验研究[J].矿业工程,2011(增刊):206-208.

[28] 斯志怀.煤尘化学抑尘技术及应用[J].科技创新导报,2013(35):49-50.

[29] 王姣龙,胡志光,张玉玲.化学抑尘剂的研究现状分析[J].化学工程师,2014(7):51-53.

[30] DU C F,LI L.Development and characterization of formulation of dust-suppressant used for stope road in open-pit mines[J].Journal of Coal Science and Engineering,2013,19:219-225.

[31] 张连成.布袋除尘器原理及厂房除尘浅谈[J].中小企业管理与科技,2010(18):194.

[32] 高洁,陈洪海.新型除尘布袋的开发及应用[J].科技视界,2013(33):328-329.

[33] 夏进文.电除尘技术的发展与研究现状[J].科技创新与应用,2014(25):55.

[34] 崔金茹.天津港煤码头研制海水抑尘技术[J].港口科技,2012(5):47.

[35] 张少俊,曾铭杰,朱勇.干水雾一体化除尘系统在卸船机上的开发及应用[J].港口装卸,2013(3):63-64.

[36] 徐律,谢和平.企业料场喷淋抑尘系统[J].工业安全与环保,2013,39(8):62-64.

[37] 郭仲先.散货码头皮带机系统布袋除尘与干雾抑尘的应用比较[J].港工技术,2013(2):53-55.

[38] 赵海珍,梁学功,马爱进.防风网防尘技术及其在我国大型煤炭港口的应用与发展对策[J].环境科学研究,2007,20(2):67-71.

[39] 陈建华,詹水芬.港口散货堆场防风网防尘技术研究和应用[J].珠江水运,2008(3):44-46.

[40] 王丹,陶鹏,张亚敏,等.港口散货堆场防风防尘技术研究[C].北京:国际航运协会 2008 年会暨国际航运技术研讨会,2008.

[41] 贺显锋,唐治.浅谈火力发电厂煤场挡风抑尘墙[J].红水河,2009,28(5):107-109.

[42] 唐继臣,孙曙光.防风抑尘网在大型原料场的应用[J].烧结球团,2010,35(5):31-34.

[43] 宋涛,汤荣伟,陈凯,等.堆料场顶部整流新型防尘罩体系研究[C].福州:第十四届空间结构学术会议,2012.

[44] 曹世青.港口散货堆场防风网防风抑尘技术的研究与应用[D].青岛:山东科技大学,2012.

[45] 徐神,朱庚富.煤场防风网防尘技术研究[J].环境科学与管理,2013,38(9):93-98.

[46] XIE Y S,FAN G X,DAI J W,et al.New respirable dust suppression systems for coal mines[J].Journal of China University of Mining & Technology,2007,17(3):321-325.

[47] FASCHINGLEITNER J,HÖFLINGER W.Evaluation of primary and secondary fugitive dust suppression methods using enclosed water spraying systems at bulk sdids handling[J].Advanced Powder Technology,2011,22(2):23-44.

[48] DING C,NIE B S,YANG H,et al.Experimental research on optimization and coal dust snppression performance of magnetized surfactant solution[J].Procedia Engineering,2011(26):1314-1321.

[49] JOSEPH C,JEFFREY C,TIBOR H,et al.Dust suppression of phosphate rock:Storage,conveyance and shipping[J].Procedia Engineering,2012(46):213-219.

[50] 丛晓春.开放性露天堆场扬尘规律及抑尘措施研究[D].上海:同济大学,2004.

[51] 乔冰,张卫,俞沅,等.港口煤尘污染防治系统的规划研究[C].北京:中国航海学会2005年度学术交流会优秀论文集专刊,2005.

[52] 常红,李广茹,杜蕴慧,等.港口起尘影响因素分析及粉尘污染控制措施与建议[J].北方环境,2013(6):98-102.

[53] 刘少雨,祝秀林,杨静,等.港口抑尘技术研究的进展[J].港口装卸,2013(2):44-47.

[54] 李若玲,柳领君,任爱玲,等.河北省煤炭和矿石港口码头粉尘排放影响因素及防治措施研究[C].昆明:中国环境科学学会2013年学术年会,2013.